KB006265

사유 식탁
THINKING & EATING

사유 식탁
THINKING & EATING

영혼의
허기를 달래는
알랭 드 보통의
132가지 레시피

ALAIN DE
BOTTON WITH
THE SCHOOL
OF LIFE

일러두기

1. 맞춤법과 외래어 표기는 국립국어원의 용례를 따랐다. 다만 국내에서 이미 굳어진 명사의 경우에는 익숙한 표기를 사용했다.
2. 외국 도서 가운데 국내에 소개된 경우에는 번역된 제목을 그대로 사용했다.
3. 단행본과 정기간행물은 겹낫표(『』), 회화는 홑화살괄호(<>)로 표기했다.
4. 조리 도구 및 방법에 따라 조리 시간은 알맞게 조절하길 권장한다.

I

A

음식 food

선언

manifesto

1

이것은 평범한 요리책이 아니다.
요리책이면서 동시에 심리학과 철학을 접목한 결과물이다.

이 책을 펴낸 인생학교에서는 관계의 형성 원리나 실패 원인, 위대한 사상가들이 남긴 삶의 교훈, 어린 시절이 성인의 삶에 미치는 영향, 외로움·불안·절망의 위기에 대처하는 방법 등을 연구한다. 일면 이런 주제들은 레시피나 근사한 저녁 메뉴를 제안하는 일과 별 상관이 없어 보인다. 하지만 앞으로 설명하듯이, 그것들은 서로 무척 긴밀하게 연결되어 있다.

2

오랫동안 정신적 열망과 육체적 만족 사이에 거리를 두었던 서양의 지식인들은 음식을 대화 주제로 삼지 않았다. 요리사는 결코 사상가가 될 수 없다는 듯 말이다.

음식이 놓이는 공간에 대한 서로 상반된 두 가지 태도를 살펴보자. 입과 혀를 매료시키는 데 몰두하는 식당은 실내 장식에도 많은 관심을 기울인다. 냅킨에 풀을 빳빳하게 먹이고, 웨이터의 복장과 배경 음악 선곡도 신중히 고민한다. 그와 동시에 식당 주인이 손님의 지적이고 심리적인 부분을 염려한다면 어떨까? 예를 들어 웨이터가 주문을 받기 전에 '자기 이해의 문제'에 대해 강의를 한다거나 "식사는 어떠십니까?" 대신 "영혼은 어떠십니까?"라고 묻는 상황은 어딘가 이상해 보인다.

반면 대학 강의실은 식당과 정반대 성격을 지닌다. 지식을 배우는 공간은 대체로 기능적인 디자인을 추구한다.

강의실 디자인은 학생이 강의를 잘 듣고 스크린을 잘 볼 수만 있다면 어떻게 생겼는지는 그다지 중요하지 않다는 생각을 은연중에 내비친다. 강의실이 예쁜지 아닌지는 당장의 과업, 그러니까 사상을 전달하는 작업에 비하면 사소한 문제다. 학장이 조명에 신경을 쓴다거나 강사 복장에 엄격한 색 조합을 요구한다면 아무래도 어색하다. 우리에게 어떤 벽면 질감이 실존주의 강의나 멜라니 클라인의 개념

감성과 지성의 분리를 단적으로 보여주는 식당과 강의실의 서로 다른 디자인

연구에 적합한지에 대한 토론은 불필요할 것이다.

3

언제나 지성과 감성이 이처럼 극명하게 나뉘는 건 아니다. 르네상스 시대에 피렌체 정부는 주변의 더 큰 국가들로부터 엄청난 압박을 받았다. 그들은 시민들이 자유라는 가치에 더 충실하도록 고취시키는 데 깊은 관심을 품었다. 시민들이 피렌체의 정치적 위치에 자부심과 확신을 갖고, 피렌체인

특유의 삶의 방식을 추구하도록 만들고 싶었다. 피렌체 정부는 자신들의 의도를 지식인의 논문처럼 정리해서 발표하지 않았다. 대신 피렌체에서 가장 위대한 예술가인 미켈란젤로에게 성경에 등장하는 소년의 모습을 형상화한 동상 제작을 주문했다. 엄청난 위력을 자랑하던 골리앗을 물리치고 독립을 얻어낸 소년, 바로 모두가 아는 다윗의 조각상 말이다.

1504년 시청사 베키오 궁전 앞에 막 자리를 잡은 조각상 <다윗>은 유럽에서 가장 성적으로 격앙되고도 매혹적인 예술 작품이었다. 또한, 복잡한 정치적 계획을

미켈란젤로, <다윗>, 1501~1504

눈 깜짝할 사이에 이해시키는 대리석 조형물로서 말보다 효과적인 선전물이었다.

4

논리를 풀어내는 데 감각을 활용하고자 하는 발상은 당대의 가장 유명한 철학자 마르실리오 피치노(Marsilio Ficino)가 발달시켰다. 피치노는 <다윗>이 만들어지기 전부터 감각을 활용해 사상을 표현해야 한다고 주장했다. 육감적이고 감정적인 본능이 교묘하게 자극을 받아야 사상이 뿌리를 내린다는 의미였다. 인간은 애초부터 논리적이기만 하지 않다. 회유를 통해 개념을 받아들이는 감정적 동물이다. 감각의 도움이 없다면 사상은 가치의 유무와 별개로 제대로 효과를 보기 어렵다. 음식을 향한 지식인들의 태도가 어떠하든 상관없이 우리가 미술·음악·건축, 그리고 점심과 저녁의 힘을 깨달아야 하는 이유다.

5

감각의 중요성을 강조한 피치노의 주장은 몇백 년이 지나서도 여전히 위력을 떨쳤다. 18세기 독일 바이에른의 가톨릭교회는 신도들 내면의 삶을 바꾸려는 야심을 품었다. 신도들이 이웃을 용서하고, 스스로 의식을 탐구하면서 더욱 겸손한 태도를 갖기를 바랐다. 교회로서는 중요한 종교적 과제였지만, 신도들에게는 그다지 달갑지 않았다. 교회 지도자들은 그저 엄한 설교나 학구적인 글을 발표하는 대신 오늘날 '14명의 원조자 성인 교회(Church of the fourteen Saints)'라 알려진 아름다운 건물을 지었다.

발타자르 노이만, 14명의 원조자 성인 교회의 내부 모습, 바이에른, 1743~1772

그들은 인간이 글이 아니라 아름다움에 감명받았을 때 진실로 공감한다고 여겼다. 새로운 생각을 전파하려면 감각을 자극해 심리를 변화시켜야 한다고 보고, 교회를 최대한 우아하고 친절하며 매력적으로 보이게끔 만들었다. 빛의 변화가 만드는 장엄한 느낌, 통풍이 잘되는 탁 트인 공간에서 느끼는 기쁨은 정신을 고양시키면서 까다로운 생각에 빠지도록 만든다.

이를 오늘날 대학 강의실 디자인에 깔린 태도와 비교하면, 그동안 얼마나 큰 변화가 있었는지 드러난다.

6

인생학교는 미켈란젤로, 피치노, 바이에른의 교회를 본보기로 삼는다. 생각을 전달하는 과정에서 감각이 어떤 역할을 담당하며 기여하는지 주목했다. 수많은 요리들 가운데 피시 파이나 된장국을 탐구하기 시작한 배경이다.

7

사람들은 식사를 얼마나 즐기는지와 무관하게 대체로 음식에 큰 의미를 두지 않는다. 과거 이와 다른 시각을 내비친 사람이 있었으니, 바로 19세기 독일의 철학자 프리드리히 니체이다. 1877년 1월, 이탈리아에 머물렀던 삼십 대 초반의 니체는 어머니에게 보낸 편지에서 인간 행복의 중요한 요소를 발견했다고 밝힌다. 니체가 그의 전설적인 사상으로 알려진 현대 생활의 원동력인 시기심과 질투(르상티망)를 발견한 것일까? 아니면 신이 죽었다는 사실을 깨달았을까? 그것도 아니면 우리 모두 초인이 되도록 정진해야 한다는 진리를 깨우친 걸까? 정작 그의 발견은 그런 것들과는 무관해 보이는 완벽한 리소토 조리법이었다.

니체에게 리소토란 삶의 태도를 의미했다. 맛있는 리소토는 맛이 풍성하면서도 가볍고, 섬세한 만족감을 통해 정갈하게 기운을 북돋는다. 잘 만들어진 리소토는 어떤 부류의 사람과 비슷하다. 덜 고민하고 더 단도직입적이며, 활기차면서 장난기 많은 사람 말이다. 니체는 자신의 글과 인성이 리소토와 같기를 바랐다. 독일 학계의 동료들이 쓴 글은 그에게 너무 익힌 채소나 부담스러울 정도로 묵직한 삶은 고기를 떠올리게 했다. 그래서 독일 철학이 실패했노라고 여겼다. 헤겔이나 칸트의

논박할 수 없는 거대한 사상은 그에게 최악의 식사처럼 느껴졌다. 먹고 나면 배가 너무 부르고 몸이 늘어지고 우울해져, 어두운 방에서 누워 있어야 할 것 같은 식사 말이다. 니체는 물질이 삶에 대한 소유자의 태도를 대변한다고 생각했다. 습관적으로 소비하는 물질의 좋고 나쁨이 우리의 지적 기반에 영향을 미친다는 것이었다.

8

이러한 니체의 깨달음은 '유물론'을 향한 일반적인 지적 비판에 중요한 영향을 미쳤다. 대체로 이름을 알린 사상가들은 물질을 향한 인간의 사랑과 그것을 소유하려고 돈을 탐하는 욕구를 지적한다. 반면 니체는 때때로 물질이 영혼의 성장에 도움을 준다고 여기고, '좋은' 유물론이라는 중요한 가능성에 주목했다.

9

유물론은 우리가 끌리는 (그리고 구매해서 소유하고 소모하고 싶어 하는) 육체적이고 세속적이며, 육감적인 무언가가 우리가 필요로 하는 심리적 견해를 담는 그릇이자 홍보 대사 역할을 할 때 제대로 작동한다. 이게 바로 좋은 유물론의 정의이다.

10

때로 우리는 미술 작품에서 좋은 유물론을 만난다. 덴마크의 화가 크리스텐 쾨브케(Christen Købke)는 1838년 <도세링엔에서 바라본 외스테르브로 경관(View of Østerbro from Dosseringen)>을

크리스텐 쾨브케, <도세링엔에서 바라본 외스테르브로 경관>, 1838

그렸다. 한 무리의 사람들이 선착장에 서서 쪽배를 다루는 장면을 표현한 작품이다. 단지 풍경뿐만 아니라 인내와 겸손, 그리고 일상에 대한 만족이 두드러지는 삶의 철학이 담긴 그의 그림은 보는 이로 하여금 눈을 통해 작가의 철학을 흡수하게끔 한다. 이 작품으로 만든 그림엽서를 복도 어딘가에 붙여 두고 드나들 때마다 꾸준히 본다면, 그 고귀한 정조(情調)가 언젠간 내 것이 될지도 모른다.

좋은 유물론은 미술에만 국한되지 않는다. 의복 또한 삶을 향한 태도를 물질로 구현하고 각인시키는 데 미술만큼이나 큰 힘을 지닌다. 1960년대 영국의 복식 디자이너 메리 퀀트(Mary Quant)는 삶에 대한 다양한 발상을 표현할 방도를 의복에서 찾았다. 그는 계층을 초월하는, 복잡하지 않으면서도 우아하며, 자신감 넘치면서도 취약점과 욕망에 초점을 맞추는 태도를 널리 알리고 싶어 했다. 그가 디자인한 옷은 색채와 원단, 재봉선의 언어로

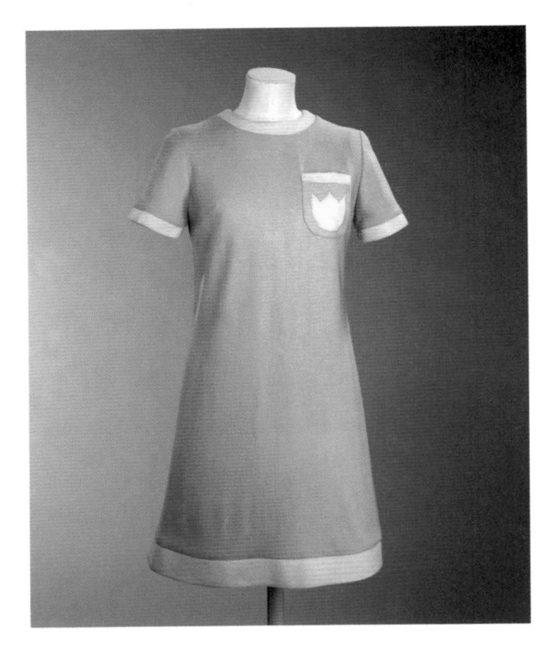

메리 퀀트, 미니드레스, 1966

그의 생각을 드러낸다. 그의 드레스를 사는 행위는 단순히 유행을 좇을 뿐만 아니라, 새로운 사람이 될 수 있는 작지만 현실적인 방법을 찾는 방편이었다.

미니드레스처럼 가정의 장식품도 그저 신분의 상징이거나 트로피로만 머물 필요가 없다. 장식품 역시 우리 삶에서 새로운 발상이나 감정을 구현하는 수단이 될 수 있다. 예를 들어 작은 청자 완(碗)은 고요하고 차분한 마음의 물질적 매개체다. 청자는 우리가 그것이 표방하는 가치를 받아들이길 권한다. 우리에게 차분해지라고 윽박지르거나 가만히 있으라고 강요하는 것이 아니다. 그저 조용히 우리를 차분하고 균형감 있으며 편안한 세계로 인도한다.

청자 완

11

의미심장하게도 우리가 미니드레스나 청자 완, 아니면 니체처럼 리소토를 통해 접하는 생각은 복잡하거나 이해하기 어려운 수준이 아니다. 머리로는 이미 알고 있는 내용이다. 그것들은 친절함, 침착함, 용기, 솔직함 또는 개방적 태도에 대한 구조적으로 단순한 약속이다.

그런 생각들이 아주 명백하면서도 동시에 자주 잊힌다는 사실은 인간 조건의 암울한 역설 가운데 하나이다. 사람들이 이미 원칙적으로는 동의하는 생각들이 있다. 복수보다는 용서를 해야 한다거나, 사람을 속단하지 말고 일단 귀를 기울여야 한다는 태도가 그렇다. 하지만 현실에서 우리는 이런 중요한 진실을 계속 잊는다. 우리의 정신은 구멍이 송송 뚫린 체와 같아서 더 나은 생각은 재빨리 빠져나가 사라져 버리고, 삶은 고통스러워진다.

12

문화의 목적은 가능한 자주 우리가 최선의
확신을 계속 품도록 돕는 데 있다. 문화를
우리 정신의 최전선에 둠으로써, 산만하고
부도덕한 기질에 영향을 끼치도록 말이다.

13

이것이 인생학교가 요리책을 만든 배경이다.
인생학교는 우리가 먹는 것과 요리하는
것이 심리적 필요와 상호작용하는 관계에
주목한다. 요리 역시 예술 작품, 의류,
건물과 같은 목적으로 기능할 수 있다. 좋은
유물론의 사례들처럼 사유의 매개물로서
우리가 성장하기 위해 필요한 관점을 제시할
수 있는 것이다.

14

최근 우리 사회는 건강을 위해 음식을
활용하지 못해 안달이 났다. 그러나 정작
요리와 음식이 감정 상태나 심리적 안녕에
미치는 영향에는 그다지 관심을 기울이지
않는다.

인생학교는 이 책을 통해 모두에게 보여주고
싶다. 식재료와 요리가 어떤 생각과 감정을
일깨우고, 어떻게 현재의 문제에 직면할
태도를 갖추도록 돕는지를. 음식이야말로
생각을 떠올리거나 저장하고, 추억을
전달하는 방식으로서 우리 삶에 더없이
중요한 것이라고 믿는다.

II

Recipes

레시피

미덕

우리는 어떤 음식이 우리에게 좋은지 이미 알고 있다. 다만 '좋다'라는 단어에 종종 너무 제한적인 의미만 부여하곤 한다. 대개는 영양분이 신체 건강에 미치는 영향에 초점을 맞춘다. 예를 들어 열량은 낮고 섬유질이 많아서 유용한 칼슘 섭취원이라고 여긴다거나, 협십증의 위기를 줄이는 식품을 선호하는 식이다.

하지만 '좋다'라는 개념은 얼마든지 확장될 가능성이 열려 있다. 가령 어떤 음식은 우리가 더 나은 사람이 되는 데 도움을 제공할지도 모른다.

여기서 좋은 사람이란 무엇일까? 그것은 정신적 차원에서 좋은 요소, 즉 아리스토텔레스가 후대에 길이 남긴 용어, '미덕'을 갖춘 사람을 말한다. 아리스토텔레스는 『니코마코스 윤리학』에서 당시의 이상적인 시민을 규정하는 열두 가지 미덕을 정의했다.

'좋은 시민'의 원료
(아리스토텔레스, 고대 그리스)

용기	온화함
절제	정직
관용	재치
기품	친절
아량	겸손
적절한 야심	의분(義憤)

세월이 흘러 삶이 얼마나 많이 바뀌었는지 감안하면, 아리스토텔레스가 정리한 미덕이 현대 사회를 살아가는 오늘날의 우리에게 크게 도움이 될 것 같지 않다. 현대적인 의미에서 미덕의 목록을 새로 만든다면 아마 다음과 가까울 것이다.

'좋은 개인'의 원료
(현대 사회)

희망	친절
장난기	인내심
성숙함	비관주의
안도감	자기 이해
외교술	자기애
냉소	자기주장
예민함	동정심
지성	감사하는 마음

미덕의 세부 항목은 변했지만 아리스토텔레스가 주장한 핵심은 오늘날에도 여전히 유효하다. 우리는 미덕을 종종 망각하는 경향이 있다. 원칙적으로야 모두들 더 좋은 사람이 되고 감정적으로도 성장하길 소망한다. 하지만 하루하루 살기 바쁘고 신경 쓸 게 많다 보니 자기 발전을 향한 의지는 금방 잊히고 만다. 그래서 아리스토텔레스는 미덕이 무엇인지 뿐만 아니라 미덕을 변덕스러운 마음에 계속 담아 두는 방법 또한 배워야 한다고 여겼다. 그는

좋은 사회란 표준적인 교육 체계를 갖출 뿐만 아니라, 음악·축제·연극·춤·예술 작품과 웅변술이 지닌 교육적인 장점을 활용해야 한다고 믿었다. 아리스토텔레스는 그래야만 모두가 열망하면서도 어려워하는 미덕을 개선하리라 생각했다.

음악이나 미술처럼 음식 또한 가장 넓은 의미에서 삶의 다양한 생각을 떠오르게 만든다. 그런 생각들은 미각을 통해 음식을 맛볼 때마다 생생하게 상기되기 마련이다.

종교는 오래전부터 이를 이해하고 있었다. 인성을 개선하고 향상시키려 음식과 의식을 자주 짝지었다. 예를 들어 선불교는 우리가 침착함을 유지하고 공동체를 생각하기를 원한다. 이를 강연이나 책으로 설파하는 대신, 함께 차를 우리고 마심으로써 고요와 친절이 자리 잡도록 유도한다. 다도는 선불교의 핵심 의식으로, 가톨릭의 미사만큼이나 중요하다. 물이 끓기를 차분하게 기다리고, 준비한 잔에 찻잎을 살포시 담아 차를 우린다. 다도는 인내심과 온화한 유대감을 장려한다. 잔을 비롯한 다구는 정신이 단순해질 수 있도록 의도적으로 소박하게 만든다. 차를 마시는 동안 지키는 침묵은 차를 마시는 순간에 집중하고 속세의 생각을 잠시 멈추어 위안을 주는 타인의 존재감과 다정함을 깨닫도록 만든다. 선불교는 몇몇 핵심적인 인간의 미덕에 좀 더 굳건하게 뿌리를 내린, 기념비적 의식을 고안한 것이다.

선종의 다도 의례:
녹차를 마시며 다지는 침착함과 우정

유대교도 다르지 않다. 그들은 사람들이 하느님과 이스라엘 사람들 사이의 약속을 기억하고 탈무드식 선행에 충실하기를 바랐다. 유대교는 교리를 전파하는 일을 설교에만 의지하지 않고 음식을 중요한 교보재로 사용했다. 유혈절 동안의 식사에서는 전통을 따라 (여러 다른 의식과 더불어) 호스래디시(Horseradish)를 먹어야 한다. 호스래디시의 쓴맛은 유대인이 이집트에서 겪었던 고난을 상징한다. 무교병에 호스래디시를 숟가락 가득 떠 얹어 먹음으로써, 조상과 인류가 겪었던 슬픔에 크게 공감한다. 호스래디시가 공감이라는 미덕을 지원하는 데 쓰이는 것이다.

종교는 야심 차게 인간과 음식과 생각 사이에 연결 관계를 구축하고, 특별한 레시피를 종교적 삶의 철학을 뒷받침하는 데 사용했다. 하지만 그렇다고 식재료와 음식이 종교적 교리나 원칙을 위해서만 움직이지는 않는다. 우리는 이미 종교의 울타리 밖에서도 특정한 미덕과 음식을 연결하고, 자기 계발과 내적 덕목을 기르기 위해 먹는 일을 끌어들이고 있다.

상상력을 발휘해 본다면, 어떤 식재료는 마치 특정한 미덕을 지닌 것 같다. 그런 식재료는 우리의 성격을 유지시키는 사유의 상징으로도 자리한다. 미덕을 지닌 상징적인 식재료를 요리에 사용하면 우리의 육신뿐만 아니라 영혼에도 영향을 미치게 된다. 정신적 변화를 꾀하면서 감각적인 만족도 취하는 셈이다.

이번 장에서는 요리에 즐겨 쓰는 열여섯 가지의 식재료를 살펴본다. 여기서 소개하는 식재료들은 우리 삶에 확고하게 자리 잡기를 바라는 열여섯 가지의 미덕을 상징한다. 식재료와 더불어 그것들이 상징하는 미덕, 그 미덕을 장려하기에 좋은 레시피를 함께 안내한다.

1

핵심 식재료

The key ingredients

레몬
희망의 상징

우리는 종종 희망이라는 미덕을 의심하도록 훈련받는다. 희망을 품는 태도는 순진하고 얼핏 유치해 보이지만, 그건 기우에 불과하다. 수많은 계획들은 해결 불가능한 문제나 잘못된 판단 때문에 좌초되는 것이 아니다. 희망이 바닥나면 삶의 지난함에 믿음을 상실하면서 성취를 느끼기도 전에 포기하고 마는 것이다.

레몬은 희망의 궁극적인 상징으로, 부엌은 물론 고군분투하는 우리의 노력에도 레몬의 자리를 마련해야 마땅하다. 레몬은 마치 여름의 가장 따뜻하고도 의기양양한 나날을 흡수해 응축한 것처럼, 햇살 아래에서 천천히 익은 느낌을 자아낸다. 마치 천천히 노출시켜 카메라에 담은 이미지처럼 맛을 예술적으로 압축한 듯 보인다. 가장 슬프고, 안개가 자욱이 낀 겨울날에도 창가에 놓인 레몬은 스스로에게 믿음을 품었던 삶의 순간을 떠올리게 만들고, 긍정적인 마음을 다시금 품도록 북돋는다.

화사한 빛깔과 압도적으로 상쾌한 내면의 즐거움을 지닌 레몬은 포기에 맞서 함께 저항하는 투쟁의 동지다. '이겨낼 거야, 곧 주말이 찾아오고 이보다 더 어려운 문제도 해결할 수 있을 거야.' 동시에 레몬은 삶을 감내할 이유와 가치를 일깨우는 친구이다. '초조함은 곧 가실 거야, 과업도 잘 풀리고, 문제도 해결될 거야. 난관은 지루함을 느끼고 다른 곳으로 옮겨 가고, 평판도 다시 회복될 거야. 기분도 좋아질 거야. 결국 많은 일들이 그럭저럭 괜찮다 못해 참을 만해질 거야.' 그렇게 레몬은 우리 귀에 희망을 끊임없이 속삭인다.

레시피

레몬 절임 파스타

레몬 커드

레몬 드리즐 케이크

레몬 절임 파스타

재료

스파게티 또는 링귀네 350g
올리브유 4큰술
마늘 3쪽 → 다지기
염장 안초비 1큰술 → 다지기(선택 사항)
레몬 절임 ½개 → 다지기
파르메산치즈 가루 4작은술(고명은 별도)
이탈리안 파슬리 1줌 → 다지기
소금과 후추

준비 및 조리: 20분
분량: 4인분

1 냄비에 물을 받아 소금을 넣고 끓인다. 스파게티를 넣어 심이 살짝 씹히는 알 덴테가 되도록 10분간 삶는다.

2 스파게티는 건져 내고, 면수는 한 컵 분량만 남기고 버린다.

3 우묵한 팬에 올리브유를 두르고 중불에서 뜨겁게 달군다.

4 팬에 마늘과 안초비(선택 사항)를 넣고 30초간 뒤적이며 볶는다. 레몬 절임을 넣고 향이 피어나도록 30초간 더 볶는다.

5 팬에 스파게티와 면수 대부분을 넣고 중불에 올린다. 파스타에 윤기가 돌게끔 2분간 뒤적으며 볶는다.

6 팬을 불에서 내린다. 파르메산치즈를 솔솔 뿌리고 크림처럼 매끄러운 소스가 되도록 잘 섞는다. 너무 뻑뻑하면 면수를 추가한다.

7 입맛에 따라 소금과 후추로 간한다. 파스타를 접시에 담고 파슬리와 파르메산치즈를 올리면 완성.

레몬 커드

재료

버터 100g
설탕 350g
레몬 겉껍질 2작은술
레몬 7개 → 착즙하기
달걀 4개
쿠앵트로(오렌지 리큐어) 40ml(선택 사항)

준비 및 조리: 25분
분량: 350g들이 3병

1 중탕 냄비에 버터, 설탕, 레몬 겉껍질, 레몬즙을 넣어 녹인다.

2 달걀을 거품기로 풀고, 중탕 냄비에 조금씩 넣으면서 잘 섞이도록 젓는다. 내용물이 잘 섞여 크림처럼 매끄러운 소스가 되면 쿠앵트로를 더해 커드를 만든다.

3 살균한 병에 커드를 나누어 담고, 뚜껑을 꽉 닫아 서늘하고 어두운 곳에 두면 완성.

Tip!
병은 뜨거운 비눗물로 세척하거나 식기세척기를 사용해 살균한다. 세척한 병은 물기를 닦지 말고 160°C로 예열한 오븐에 15분간 넣어 말린다. 완전히 식혀서 커드를 채운다.

레몬 드리즐 케이크

케이크

무염 버터 240g과 1큰술
→ 상온에 두어 부드럽게 만들기
팽창제 혼합 밀가루 240g
백설탕 240g
베이킹파우더 ½작은술
소금 1자밤
달걀 4개
우유 2큰술
레몬 겉껍질 1개분 → 강판에 곱게 갈기

드리즐

레몬 4개 → 착즙하기
백설탕 180g

준비 및 조리: 1시간 10분
분량: 12인분

케이크 만들기

1 오븐을 180°C로 예열한다. 지름 23cm짜리 원형 스프링폼 케이크팬 바닥에 기름을 바르고 유산지를 두른다.

2 케이크팬 벽면에 버터 1큰술을 바른다. 그 위에 밀가루 2큰술을 뿌리고 케이크팬을 기울이거나 돌려서 모든 벽면에 밀가루를 골고루 펼친다. 남은 밀가루는 털어낸다.

3 믹싱볼에 버터, 밀가루, 설탕, 베이킹파우더, 소금, 달걀, 우유와 레몬 겉껍질을 넣고 잘 섞는다. 전동 거품기로 내용물을 3~4분간 강하게 치대 크림처럼 부드럽고 매끈한 반죽으로 만든다.

4 반죽을 숟가락으로 뜨거나 부어 케이크팬에 담는다. 케이크팬을 작업대 표면에 몇 차례 가볍게 두들겨 반죽 윗면을 평평하게 만든다.

5 케이크팬을 오븐에 넣고 반죽 겉면이 부풀어 오르고 완전히 마르도록 45~55분간 굽는다. 이쑤시개로 케이크 중심을 찔렀을 때 반죽이 묻어나지 않아야 한다. 케이크를 케이크팬에 담긴 채로 식힘망에 올린다.

드리즐 만들기

6 케이크가 식는 동안 그릇에 레몬즙과 설탕을 넣고 가볍게 섞어 드리즐을 만든다.

7 꼬챙이나 이쑤시개로 케이크 표면을 찔러 구멍을 고르게 낸다. 드리즐을 케이크 전체에 붓고 잘 스며들도록 둔다.

8 케이크가 식으면 케이크팬에서 꺼낸다. 먹기 좋게 썰어서 내면 완성.

라임
장난기의 상징

라임은 같은 감귤류 과일인 레몬보다 인기가 덜하다. 라임의 싱그러운 녹색이 덜 익은 듯 보이고, 어리숙해 진중하지 못한 느낌을 주는 탓일지 모른다. 하지만 라임의 매력은 바로 그 익살스러운 면모에서 나온다.

레몬은 여러 요리에 두루두루 잘 어울린다. 반면 라임은 요리에 활용하면서 실수하기 쉽다. 라임으로 샐러드 드레싱을 만들면 기대 이상으로 맛있지만, 라임즙을 생선 구이에 끼얹으면 이상하다. 시원한 음료에 라임 슬라이스를 넣으면 레몬을 꽂은 것보다 세련되지만, 라임으로 타르트를 잘 만들기란 거의 불가능하다. 라임은 알맞은 짝을 지어주면 분위기를 익살스럽고 장난스럽게 바꾸어 놓는다. 그 진가를 한번 경험한다면 그동안 얼마나 쉽고 부당하게 라임을 무시했는지 깨달을지 모른다.

라임처럼 장난기 역시 우리 마음 위로 자주 떠오르지는 않는다. 아무래도 장난기가 아이의 몫이라 치부되고, 어른의 삶에 미치는 영향이 과소평가된 탓일 수 있다. 타인은 물론 자신의 품위를 망칠 각오를 해야 장난기는 제대로 작동한다. 가령 무언가를 도발적으로 평가하거나 잘 모르는 사람에게 자기의 결점을 드러내고, 냉정한 사람에게 익살을 부리는 과정에서 장난기는 피어난다. 예의 바른 행동이 아닐 수도 있지만, 상황에 알맞은 장난은 진심과 친밀을 공유하는 선물과도 같은 순간을 선사한다.

잘 알려지지 않았지만 중요한 미덕인 장난기에 충실하도록 용기를 북돋는 식재료가 바로 라임이다.

레시피

남 쁠라 프릭

피코 데 가요

키 라임 파이

남 쁠라 프릭
(태국 고추 양념장)

재료

라임즙 4큰술
액젓 2큰술
흑설탕 또는 야자 설탕 2½작은술
따뜻한 물 1큰술
마늘 5쪽 → 곱게 다지기
태국 고추 2~3개 → 씨 발라내고 얇게 썰기
고수 1줌 → 다지기

준비 및 조리: 5분
분량: 2인분

1 작은 그릇에 라임즙, 액젓, 설탕과 따뜻한 물을 담는다. 설탕이 녹을 때까지 잘 섞는다.

2 같은 그릇에 마늘, 고추, 고수를 더해 잘 섞으면 완성. 바로 내야 가장 맛있다.

Tip!
분량을 두 배, 세 배로 늘려 대량 제조도 가능하다. 고추의 양은 입맛에 따라 조절한다. 이 양념장은 스프링롤부터 국수까지, 모든 태국 음식에 잘 어울린다.

피코 데 가요
(멕시코 살사)

재료

덩굴 토마토 3개
양파 ½개 → 깍둑썰기
할라페뇨 고추 1개 → 씨 발라내고 깍둑썰기
라임즙 2큰술
백설탕 1자밤
고수 1줌 → 다지기
식초 1큰술
소금

준비 및 조리: 10분
숙성: 1시간
분량: 4인분

1 그릇에 소금을 제외한 모든 재료를 담아 잘 섞는다. 입맛에 따라 소금으로 간한다.

2 뚜껑을 덮어 1시간 이상 냉장고에서 숙성하고 내야 맛있다.

Tip!
강렬한 맛의 살사는 타코(188~189쪽)나 스크램블 에그, 감자튀김에 끼얹어 먹으면 완벽하게 어울린다.

키 라임 파이

준비 및 조리: 40분

냉장 보관: 8시간

분량: 파이 1개(대략 12조각)

파이 껍질

다이제스티브 비스킷 250g → 으깨기

무염 버터 80g → 녹이기

흑설탕 2큰술

커드

판젤라틴 3장

라임즙 250ml(대략 8~10개분)

옥수수 전분 60g

백설탕 200g

무염 버터 180g

달걀노른자 6개분

달걀 3개

크림치즈 250g

→ 상온에 두어 부드럽게 만들기

물 100ml

고명

라임 겉껍질 2작은술

파이 껍질 만들기

1 푸드프로세서에 비스킷, 버터, 흑설탕을 넣는다. 내용물 입자가 굵은 빵가루와 비슷해질 때까지 1~2초씩 돌리고 멈추기를 반복해 반죽을 만든다.

2 물기가 묻은 숟가락 등으로 반죽을 지름 20cm짜리 원형 스프링폼 케이크팬에 담는다. 반죽을 사용할 때까지 냉장고에서 숙성시킨다.

커드 만들기

3 판젤라틴을 물에 담가 불린다.

4 바닥이 두툼한 냄비에 라임즙, 옥수수 전분, 백설탕을 담는다.

5 냄비에 물 100ml를 더하고 약불에 올린다. 내용물이 보글보글 끓으면 천천히 저어 걸쭉하게 만든다.

6 거품이 끓어오르면 냄비를 불에서 내린다. 냄비에 버터를 한 조각씩 넣으면서 소스에 매끈한 윤기가 돌 때까지 휘저어 섞는다.

7 다른 믹싱볼에 달걀노른자와 달걀을 담아 거품기로 휘저어 섞는다. 냄비에 섞은 재료를 담아 다시 불에 올린다.

8 냄비 속 커드를 계속 저으면서 끓인다. 커드가 걸쭉해지고 거품기를 냄비 벽에 대고 쳤을 때 흘러 떨어지면 냄비를 불에서 내린다.

9 판젤라틴을 물에서 건져 물기를 짜내고, 커드에 더해 녹을 때까지 섞는다. 10분간 식힌 뒤 크림치즈를 더해 섞는다.

10 파이 껍질에 커드를 숟가락으로 떠 담거나 붓는다. 커드가 골고루 자리 잡도록 케이크팬을 몇 차례 가볍게 두들긴다. 랩을 씌워 밤새 냉장 보관한다.

11 파이에 라임 겉껍질을 솔솔 뿌리고 먹기 좋게 썰어 내면 완성.

무화과
성숙함의 상징

80년 동안 쉬지 않고 자라는 나무에서 열린 열매는 부드럽고 겸손하며 수줍음이 많다. 조용한 별미에 맛을 들인 이들에게 최고로 통하는 과일, 바로 무화과다.

무화과에는 성숙함이 깃들어 있다. 무화과 껍질은 수수하고 보잘것없다 보니, 그 안에 밝고 풍성하면서 달콤한 속살이 감춰져 있으리라 예상하기 어렵다. 겉만 보고 쉽게 판단하기를 멈춰야 비로소 무화과의 진가가 드러나는 것이다. 달콤한 무화과는 함박웃음이나 환호성보다는 조용한 미소나 이해한다는 표정의 부드러움을 연상시킨다. 무화과는 서두르거나 주위의 관심을 자신에게 돌리려고 애쓰는 대신 차분히 참고 기다린다.

성숙한 이들은 타인의 관심을 받는 일에 그다지 흥미를 느끼지 않는다. 많이 듣고 적게 말한다. 황홀경이나 장황한 토로에 익숙하지도 않다. 그들은 비참해지지 않고도 어그러진 계획과 희미해지는 희망, 내용은 부실하고 소문만 무성한 잔치의 동향을 알아챈다. 이런 이유로 친절함과 상냥함으로 무장한 성숙한 이들은 타인을 안심시키고 사건 사고를 미연에 방지하는 전문가로 통한다.

성숙해지려는 인간의 모습은 무화과의 성질과 너무나도 닮았다. 무화과를 상징으로 삼은 이상적인 종교가 존재하지 말라는 법도 없을 것만 같다.

레시피

무화과를 곁들인 오리 오븐 구이
무화과 아몬드 타르트

무화과를 곁들인 오리 오븐 구이

준비 및 조리: 1시간 45분

분량: 4인분

재료

오리고기 1마리
→ 다릿살과 가슴살 발라내기
식용유 2큰술
토니 포트와인 200ml
오렌지 1개 → 착즙하기
팔각 4개
생무화과 4개 → 4등분하기
타임 조금(고명용)
소금과 후추

1 오븐을 190°C로 예열한다.

2 오리 다릿살과 가슴살에 식용유를 문질러 바르고, 소금과 후추로 넉넉하게 간한다.

3 오븐용 무쇠팬을 약불에 올려 뜨겁게 달군다. 오리고기를 무쇠팬에 올리고, 겉면이 골고루 노릇해지도록 구워 접시에 담는다.

4 오리고기를 건진 무쇠팬에 포트와인을 넣고 부글부글 끓인다(디글레이즈). 와인이 절반으로 졸아들면 오렌지즙, 팔각, 무화과를 더한다.

5 오리 다릿살을 무화과 위에 올려 오븐에서 1시간 굽는다. 그동안 오리 가슴살이 식지 않도록 은박지로 감싼다.

6 1시간 뒤 가슴살도 무쇠팬에 올려 오븐에서 12~15분간 더 굽는다. 손가락으로 고기를 눌렀을 때 단단하면서도 살짝 저항감이 있어야 한다.

7 무쇠팬을 오븐에서 꺼내 10분간 식힌다. 가슴살을 썰어 다릿살과 함께 접시에 담는다. 배어나온 국물과 무화과, 타임을 오리고기 위에 얹으면 완성.

Tip!

오리 손질이 익숙하지 않다면 정육점에 손질을 부탁하자. 통오리가 없다면 가슴살과 다릿살만 따로 구매해도 괜찮다.

무화과 아몬드 타르트

페이스트리

중력분 225g(두를 것 별도)
냉동 무염 버터 120g → 깍둑썰기
백설탕 2큰술
소금 ¼작은술
달걀 1개
얼음물 1~2큰술(선택 사항)

무화과 소

생크림 150ml
꿀 150g
판젤라틴 6장 → 물에서 10분간 불리기
생무화과 8개
그릭 요구르트 475g
마스카르포네치즈 240g
소금 1자밤
아몬드 추출액 ½작은술

고명

생무화과 4개 → 슬라이스
아몬드 80g → 살짝 볶기

준비 및 조리: 1시간
냉장 숙성: 4시간 30분
분량: 타르트 1개(대략 12조각)

페이스트리 만들기

1 푸드프로세서에 밀가루, 버터, 설탕과 소금을 넣는다. 내용물의 입자가 굵은 빵가루와 비슷해질 때까지 1~2초 돌렸다 멈추기를 몇 차례 반복한다.

2 푸드프로세서에 달걀을 넣고, 칼날 주변으로 반죽이 뭉쳐질 때까지 1~2초 돌렸다 멈추기를 몇 차례 반복한다. 반죽이 뻑뻑하면 얼음물 약간을 넣고 반죽이 완전히 뭉쳐지도록 몇 차례 더 작동시킨다. 반죽은 부드럽되 끈적이지 않아야 한다.

3 푸드프로세서에서 반죽을 꺼내 원판처럼 둥글게 모양을 잡는다. 랩으로 반죽을 감싸 30분간 냉장 숙성한다.

4 냉장 숙성이 끝나면 오븐을 180°C로 예열한다.

5 밀가루를 가볍게 두른 작업대에 반죽을 올린다. 반죽은 0.5cm 두께로 밀어서 지름 20cm짜리 원형 스프링폼 케이크팬에 두른다.

6 반죽으로 케이크팬 바닥과 벽면을 고루 두르고, 튀어나온 반죽은 도려낸다. 반죽 바닥면에 포크로 골고루 구멍을 내고, 그 위에 유산지를 덮고 누름돌을 얹는다.

7 케이크팬을 오븐에 넣고 반죽 가장자리가 노릇해질 때까지 15분간 굽는다(블라인드 베이킹). 오븐에서 반죽을 꺼내 유산지와 누름돌을 들어낸다.

8 케이크팬을 다시 오븐에 넣어 3~5분 추가로 굽고, 꺼내서 식힘망에 올린다.

무화과 소 만들기

9 작은 냄비에 생크림과 꿀을 담아 중불에 올리고 저으면서 끓인다. 내용물이 보글보글 끓기 시작하면 냄비를 불에서 내리고, 불린 판젤라틴을 넣어 완전히 녹을 때까지 저어 크림을 만든다.

10 무화과를 반으로 갈라 속살만 푸드프로세서에 담는다. 앞에서 만든 크림과 소의 나머지 재료도 모두 푸드프로세서에 넣는다.

11 푸드프로세서 뚜껑을 덮고 덩어리 없이 내용물이 잘 섞이도록 강하게 돌려 소를 만든다. 잘 섞이지 않으면 푸드프로세서 벽면을 스패출러로 긁어내고 작동시킨다.

12 소를 페이스트리에 담고 물기가 있는 숟가락의 등이나 꺾인 스패출러로 표면을 평평하게 다듬는다. 랩으로 감싸 4시간 냉장 숙성한다.

고명 얹기

13 숙성이 끝나면 케이크팬에서 타르트를 꺼낸다. 타르트에 무화과와 아몬드를 올리면 완성.

아보카도
안도감의 상징

패닉의 반대말은 모두 잘 풀린다는 믿음이 아니다. 무엇이 우리 앞을 가로막더라도 견뎌낸다는 의연한 태도로 눈앞에 닥친 상황을 차분히 분석해야 한다. 패닉 그 자체가 생존에 걸림돌이 되는 경우가 너무 많다. 만약 우리 자신을 달래며 안도감을 찾는다면 타인을 안심시키는 것은 물론이고, 한 사람의 고통이 다른 사람의 고통에 거름이 되는 악순환의 고리를 끊는 일도 가능할 것이다.

누군가를 안심시키는 능력은 우리가 이제 성인이며, 난관을 헤쳐 나갈 힘과 자유 그리고 지능을 지녔다는 방증이기도 하다. 아보카도는 마음을 안심시키는 안도감의 적절한 상징이다. 과육은 단단하고 기복이 없으며 상황에 따라 유연하게 대처한다. 맛은 순하고 질감은 크림처럼 부드러우면서 영양가는 무척이나 높다. 우리를 갉아먹는 허기조차 아보카도의 차분한 권위 앞에서는 몇 분 만에 사그러든다.

그런 점에서 아보카도는 빈번하게 찾아오는 당혹스러운 위기 속에서 우리가 의지하고 또한 닮아야 할 미덕을 상징하기에 더할 나위 없다.

레시피

아보카도 파스타
아보카도 게살 샐러드

아보카도 파스타

재료

푸실리 파스타 450g
잘 익은 아보카도 2개
엑스트라버진 올리브유 75ml
파르메산치즈 50g → 강판에 갈기(고명은 별도)
큰 마늘 1쪽 → 곱게 다지기
바질 잎 1줌
레몬 ½개 → 착즙하기
소금과 후추

준비 및 조리: 20분
분량: 4인분

1 큰 냄비에 물을 받아 소금을 넣고 끓인다. 파스타를 넣어 심이 살짝 씹히도록(알 덴테) 10분간 삶는다.

2 파스타를 삶는 동안 아보카도를 반으로 가르고 씨를 발라 깍둑썬다. 푸드프로세서에 아보카도 과육과 올리브유, 파르메산치즈, 마늘, 바질, 레몬즙을 담는다. 소금과 후추로 간한다.

3 푸드프로세서 뚜껑을 닫고 아보카도가 걸쭉한 크림처럼 부드러워질 때까지 갈아서 퓌레를 만든다. 입맛에 따라 소금과 후추로 간하고 믹싱볼에 옮겨 담는다.

4 삶은 파스타를 아보카도 퓌레와 잘 어우러지도록 섞는다.

5 그릇에 나눠 담고 입맛에 따라 파르메산치즈를 끼얹으면 완성.

아보카도 게살 샐러드

재료

마요네즈 2큰술
버터밀크 2큰술
크렘 프레슈 1큰술
레몬즙 1큰술
디종 머스터드 ½작은술
우스터소스 몇 방울
게살 225g → 껍데기와 연골 조각 발라내기
셀러리 줄기 2대 → 곱게 깍둑썰기
차이브 4줄기 → 가위로 자르기
잘 익은 아보카도 1개
로메인 양상추 ½통
→ 이파리 낱낱이 떼어내기
엑스트라버진 올리브유(고명용)
소금과 후추

준비 및 조리: 20분
분량: 4인분

1 믹싱볼에 마요네즈, 버터밀크, 크렘 프레슈, 레몬즙, 머스터드, 우스터소스를 넣고 섞어 드레싱을 만든다. 소금과 후추를 넉넉하게 1자밤씩 넣어 간한다.

2 드레싱에 게살과 셀러리, 차이브를 더하고 스패출러로 포개듯이 섞는다. 아보카도는 반으로 갈라 씨를 제거하고 깍둑썬다. 손질한 아보카도를 드레싱에 넣고 잘 버무려 샐러드를 만든다.

3 앞접시에 양상추를 얹고 앞에서 만든 샐러드를 올린다. 그 위에 엑스트라버진 올리브유를 뿌리면 완성.

올리브유
외교술의 상징

올리브유는 풍미와 또렷한 개성, 그리고 고유한 매력까지 지녔다. 우선 기름으로서 다른 음식의 장점을 북돋는다. 올리브유를 더하면 밍밍한 양상추는 매력적으로 변하고, 마른 빵 조각은 달콤하고 보드라워진다. 팬은 올리브유의 무대다. 무대 위에서 올리브유는 허여멀건 양파를 설탕처럼 달고 노릇하게 탈바꿈시키고, 소박한 감자를 바삭하게 익혀 군침을 돌게 만든다. 심지어 프라이팬 바닥을 보호하고 연어의 껍질이 살로부터 떨어져 나가는 것도 방지한다. 다양한 식재료가 서로 조화를 이루게 만드는 올리브유의 지휘 아래에서는 어울리지 않을 것 같은 토마토와 후추까지도 싸움을 멈추고 협력하기에 이른다.

올리브와 거기서 짜낸 올리브유에서 우리는 외교술이라는 인간의 미덕을 발견할 수 있다. 흔히 외교라 하면 대사나 국제 관계를 떠올리기 쉽다. 하지만 일상생활에서도 외교술은 중요한 미덕이다. 잘 드러나지 않는 타인의 잠재력을 끌어내고, 불필요한 갈등을 줄여 잠재적으로 대립하는 관점을 원만하게 조율하는 역량이 바로 외교술이다.

올리브유는 이를테면 쓸모없이 거친 우리 마음의 문 앞까지 외교술의 미덕을 가져다주는 사교성 넘치는 식재료다.

레시피

포카치아

파타타스 알 로 포브레

올리브유 케이크

포카치아

재료

강력분 450g(두를 것 별도)
소금 2작은술
효모 2½작은술
따뜻한 물 250ml
엑스트라버진 올리브유 4큰술
로즈마리 잎 크게 1줌

준비 및 조리: 30분
발효: 2시간
분량: 큰 포카치아 1개

1 믹싱볼에 밀가루와 소금을 넣어 섞는다. 계량컵에 효모와 따뜻한 물 60ml, 올리브유 3큰술을 넣어 잘 섞고, 거품이 생길 때까지 따뜻한 곳에서 10분간 발효시킨다. 밀가루 가운데 우물 같은 구멍을 파고, 발효시킨 효모와 나머지 물을 섞어 반죽을 만든다.

2 작업대에 밀가루를 가볍게 두르고, 반죽을 올려 부드럽고 매끈한 덩어리가 될 때까지 8~10분간 치댄다.

3. 반죽을 깨끗한 그릇에 옮겨 랩으로 느슨하게 감싸고, 부피가 두 배로 부풀어 오르도록 따뜻한 곳에서 1시간가량 발효시킨다.

4 오븐을 200°C로 예열한다.

5 발효가 끝난 반죽은 가볍게 두들겨 가스를 빼고, 부드럽고 매끈하며 탄성을 지닐 때까지 몇 분간 휴지시킨다. 제과제빵팬에 유산지를 두르고 반죽을 올린다. 반죽을 손으로 눌러 골고루 채우고 랩을 씌워 따뜻한 곳에서 1시간 더 발효시킨다.

6 제과제빵팬에서 랩을 걷어내고 손가락으로 골고루 눌러 구멍을 낸다. 남은 올리브유를 반죽 표면에 바르고 구멍에 로즈마리잎을 채운다. 제과제빵팬을 오븐에 넣고 반죽이 노릇해질 때까지 20~25분간 구우면 완성.

파타타스 알 로 포브레
(빈자의 감자)

재료

엑스트라버진 올리브유 250ml
점질 감자 450g → 0.25cm 두께로 썰기
양파 1개 → 슬라이스
녹색 파프리카 1개 → 씨 발라내고 썰기
마늘 3쪽 → 다지기
소금과 후추

준비 및 조리: 30분
분량: 4인분

1 우묵한 프라이팬 혹은 소테팬에 올리브유를 두르고 중불에 올린다.

2 팬이 충분히 달궈지면 감자, 양파, 파프리카, 마늘을 넣고 15분~20분간 충분히 익힌다. 감자를 찔렀을 때 부드럽게 들어가야 알맞다.

3 구멍 국자로 감자, 양파, 파프리카를 접시에 나눠 담는다. 소금과 후추로 간하면 완성.

올리브유 케이크

재료

엑스트라버진 올리브유 325ml(팬에 바를 것 별도)

백설탕 240g(두를 것 2큰술 별도)

중력분 275g

아몬드 가루 40g

베이킹파우더 2작은술

베이킹소다 ½작은술

소금 ½작은술

단 베르무트 또는 아마레토 3큰술

크렘 프레슈 3큰술

바닐라 추출액 2작은술

달걀 3개

가루 설탕(고명용)

준비 및 조리: 1시간 10분

분량: 케이크 1개(12조각)

1 오븐을 190°C로 예열한다. 지름 23cm짜리 원형 스프링폼 케이크팬에 올리브유를 바르고 유산지를 두른다.

2 케이크팬 바닥과 안쪽 벽면에 올리브유를 바르고, 설탕 2큰술을 솔솔 뿌린다. 케이크팬을 기울이면서 설탕을 벽면에 골고루 입히고 남은 건 털어낸다.

3 큰 믹싱볼에 밀가루, 아몬드 가루, 베이킹파우더, 베이킹소다와 소금을 담아 섞는다.

4 작은 접시에 베르무트(또는 아마레토)와 크렘 프레슈, 바닐라 추출액을 담아 섞는다.

5 큰 믹싱볼에 달걀과 설탕을 담고, 전기 믹서로 색이 연해지고 걸쭉해질 때까지 3~5분간 휘젓는다. 믹서를 들어 올렸을 때 내용물이 띠처럼 딸려 올라와야 한다.

6 5번의 큰 믹싱볼에 올리브유를 서서히 흘려 넣는다. 3번 밀가루 혼합물과 4번 베르무트 혼합물을 세 번에 걸쳐 번갈아 가면서 넣는다. 믹서를 저속으로 작동하면서 내용물을 섞어 매끈한 케이크 반죽으로 만든다. 숟가락을 사용해 케이크 반죽을 준비한 케이크팬으로 옮긴다.

7 케이크팬을 오븐에 넣고 40~50분간 굽는다. 반죽 윗부분이 단단하고 노릇해지고, 이쑤시개로 케이크를 찔렀을 때 반죽이 묻어나지 않아야 한다.

8 오븐에서 케이크팬을 꺼내 식힘망에 올려 식힌다. 충분히 식으면 케이크팬에서 케이크를 꺼내고 입맛에 따라 케이크에 가루 설탕을 가볍게 솔솔 뿌리고 썰어 내면 완성.

케이퍼
냉소의 상징

케이퍼는 특정 미덕이 어떻게 기능하는지 정확하게 보여주는 식재료다. 냉소주의 자체가 더 나은 인간이 되기 위한 방법이 아닌 만큼, 그저 냉소적이기만 한 사람은 재앙이나 다름없다. 냉소주의자는 모든 인간이 이기적인 존재이며, 개중 무해하고 괜찮아 보이는 사람은 위선자라고 치부한다. 하지만 만약 우리에게 냉소적인 본능이 전혀 없었다면 타인과 사회의 평범한 결함에도 쉽게 충격받았을 것이다. 심지어 순진함에 빠져 꼭 필요한 개입이나 저항을 시작하지 못했을 수도 있다.

우리에게는 아주 약간의 냉소가 필요하다. 인간의 본성에 자리하는 어둡고 이기적인 구석을 정확하고도 침착하게 인식하는 능력 말이다. 약간의 냉소는 어느 제도에나 장점과 단점이 공존하며, 사람들의 동기가 항상 순수하지는 않다는 사실을 당연하게 받아들인다. 이타주의의 존재를 부정하지는 않지만, 자선 행위에도 사익 추구라는 동기가 작동할 수 있다고 이해하는 것이다.

케이퍼를 한 접시씩 먹기는 힘들겠지만, 적절히 사용하면 아주 흥미로운 차이를 끌어낼 수 있다. 가령 식초에 절인 케이퍼는 수동적이고 밍밍할 수 있는 요리에 생생한 신맛의 방점을 찍는다. 그렇게 케이퍼는 불필요한 순수함과 지루함을 걷어내고, 명징하게 찡그리거나 미소 짓게 만든다.

레시피

케이퍼와 버터 소스를 곁들인 흰살생선 구이
케이퍼를 곁들인 문어 튀김
케이퍼와 선드라이 토마토를 곁들인 페타치즈 구이
살사 베르데

케이퍼와 버터 소스를 곁들인 흰살생선 구이

재료

흰살생선 필렛(대구, 해덕 등) 4개
→ 껍질과 잔가시 발라내기
올리브유 4큰술
버터 60g
케이퍼 2큰술 → 물에 헹구기
레몬즙 4큰술
곱게 간 레몬 겉껍질 1큰술
생타라곤 1큰술(선택 사항)
소금과 후추

준비 및 조리: 25분
분량: 4인분

1 오븐을 200°C로 예열한다.

2 생선 필렛에 올리브유 2큰술을 골고루 문질러 바른다. 무쇠팬이나 작은 제과제빵팬에 올리고 소금과 후추로 간한다.

3 제과제빵팬을 오븐에 넣고 10~12분간 굽는다. 생선 필렛 겉면이 하얗고 단단하게 익어 살점이 조각조각 떨어지기 시작해야 한다.

4 생선 필렛이 익는 동안 작은 냄비에 남은 올리브유와 버터를 넣고 중불에서 녹인다.

5 4번 작은 냄비에 케이퍼를 넣고 종종 뒤적이며 1분간 익힌다. 냄비를 불에서 내리고, 레몬즙, 레몬 겉껍질, 생타라곤(선택 사항)을 넣는다. 입맛에 따라 소금과 후추로 간하여 버터 소스를 만든다.

6 오븐에서 제과제빵팬을 꺼내 생선 필렛을 접시에 나눠 담는다. 레몬과 케이퍼, 버터 소스를 숟가락으로 떠 생선 필렛 위에 끼얹으면 완성.

케이퍼를 곁들인 문어 튀김

재료

생물 혹은 냉동 문어 2kg
올리브유 250ml(튀김용)
엑스트라버진 올리브유 2큰술
레몬 1개 → 반달썰기
레몬즙 조금
케이퍼 3큰술
훈연 파프리카 가루 1큰술
이탈리안 파슬리 1줌 → 이파리만 다지기
소금과 후추

준비 및 조리: 1시간 25분
분량: 4인분

1 큰 냄비에 물을 받아 소금을 넣고 강불에서 부글부글 끓인다.

2 끓는 물에 문어를 넣고 불을 줄여 45분간 삶는다. 문어를 뒤집어서 부드러워지도록 20~30분간 더 삶는다.

3 삶은 문어는 도마 위에 올려 식힌다. 다룰 수 있을 만큼 식으면 다리를 1cm 길이로 깍둑썰고 대가리는 버린다.

4 바닥이 두툼한 프라이팬이나 소테팬에 올리브유를 받아 82°C까지 데운다. 온도계로 온도를 정확히 측정한다.

5 깍둑썬 문어 다리를 두 번에 나눠 3분씩 튀긴다. 튀긴 문어 다리는 구멍 국자로 건져 키친타월을 두른 접시에 올린다.

6 튀긴 문어 다리를 앞접시에 옮겨 담고, 올리브유와 레몬즙을 뿌린다.

7 그 위에 훈연 파프리카 가루를 흩뿌린다. 다진 파슬리로 장식하고 케이퍼와 반달썰기를 한 레몬을 곁들이면 완성.

케이퍼와 선드라이 토마토를 곁들인 페타치즈 구이

재료

방울토마토 150g → 반으로 가르기
선드라이 토마토 80g → 다지기
케이퍼 2큰술 → 물에 헹구기
마늘 1쪽 → 다지기
바질 잎 1큰술 → 손으로 찢기
오레가노 2큰술 → 손으로 찢기
올리브유 1큰술
후추
페타치즈 240g
겉이 바삭한 빵

준비 및 조리: 35분

분량: 4인분

1 오븐을 200°C로 예열한다.

2 작은 제과제빵팬에 방울토마토, 선드라이 토마토, 케이퍼, 마늘, 바질 잎과 오레가노, 올리브유를 담아 버무리고 입맛에 따라 후추로 간한다.

3 페타치즈를 넣어 버무리고, 윗면에 토마토를 적당히 올린다.

4 제과제빵팬을 오븐에 넣고 페타치즈가 노릇해지도록 20~25분간 굽는다.

5 오븐에서 제과제빵팬을 꺼내 잠깐 식히고, 겉면이 바삭한 빵을 곁들여 내면 완성.

살사 베르데

재료

케이퍼 3큰술 → 물에 헹구기
녹색 올리브 절임 → 2큰술
오이 피클 2큰술
마늘 2쪽 → 다지기
이탈리안 파슬리 1단 → 굵게 다지기
민트 1줌 → 다지기
딜 1줌 → 다지기
레몬 1개 → 착즙하기
엑스트라버진 올리브유 75ml
물 2큰술
소금과 후추

준비 및 조리: 10분

분량: 4인분

1 푸드프로세서에 케이퍼, 올리브, 오이 피클, 마늘, 각종 허브와 레몬즙을 넣고 아주 곱게 간다.

2 앞의 푸드프로세서에 올리브유과 물을 넣고 1~2초 돌렸다가 멈추기를 여러 차례 반복한다. 내용물이 완전하게 섞이면 입맛에 따라 소금과 후추로 간한다. 먹기 전까지 뚜껑을 덮어 차게 보관한다.

Tip!
살사 베르데는 온갖 음식의 맛을 돋우는 다재다능한 그린 소스이다. 참치 구이 스테이크(160쪽), 찐 채소, 심지어는 케일 렌틸콩 스튜(337쪽)에 곁들여도 좋다.

가지
예민함의 상징

짙은 색에 매끄러운 껍질을 지닌 가지는 다소 무방비한 상태로 세상에 노출되어 있다. 섬세한 속살은 부드럽고 껍질은 쉽게 찔리거나 잘린다. 가지를 으깰 때는 블렌더를 사용할 필요조차 없다. 많이들 가지를 맛없게 먹은 경험이 있겠지만, 잘만 다루면 가지는 묘한 매력을 지닌 요리로 변신한다. 제대로 튀기면 바삭하면서도 촉촉한 식감을 자랑하고, 구우면 풍성하고도 깊은 풍미가 일품이다.

인간에게 예민함은 양가적인 미덕이다. 우리는 너무 쉽게 감동하거나 동요한다. 쉽게 떨쳐 버릴 일에도 화를 내기가 부지기수다. 호텔 방의 모양이 이상하다거나 매트리스가 몸에 맞지 않는다고 말이다. 그런데 역설적으로 들릴지 몰라도 약점은 강점의 원천이기도 하다. 예민함은 아주 희미한 흥미의 조짐에도 주위를 기울여 우정을 단단하게 만들거나 자연과 아름다움으로 우리를 이끈다.

예민함처럼 가지는 더 강력하고 노골적인 식재료와 조리법으로 받쳐줘야 한다. 풍성한 감칠맛의 된장이나 단맛이 나는 꿀, 또는 불향을 내는 직화 조리법은 가지와 잘 어울린다. 그렇게 가지는 우리의 세심한 손길과 현명한 맛의 조화를 기다린다.

레시피

가지 된장 구이
바바가누쉬
꿀 가지 튀김

가지 된장 구이

재료

가지 4개
식용유 1큰술
백미소(일본 된장) 75g
다진 생강 1큰술
참기름 2작은술
간장 1작은술
양조식초 1작은술
흑설탕 ½작은술
후추 ¼작은술
통깨 2큰술
생고수 1줌(고명용)

준비 및 조리: 30분
분량: 4인분

1 오븐을 220°C로 예열한다.
2 가지를 반으로 가르고, 가지 속살에 격자무늬 칼집을 낸다.
3 베이킹트레이에 유산지를 깐다. 그 위에 가지를 올리고 가지 속살에 식용유를 바른다.
4 베이킹트레이를 오븐에 넣고 20~25분간 굽는다. 가지 속살이 부드러워지도록 중간에 한 번 뒤집는다. 오븐에서 베이킹트레이를 꺼내고 프라이팬이나 그릴팬을 달군다.
5 작은 접시에 된장, 생강, 참기름, 간장, 식초, 설탕과 후추를 넣는다. 설탕이 녹을 때까지 섞어서 된장 소스를 만든다.
6 구운 가지에 된장 소스를 바르고 팬에 올려 3~5분간 지진다. 가지 겉면이 노릇해지고 살짝 그을리면 팬을 불에서 내린다.
7 구운 가지 위에 통깨와 고수를 솔솔 뿌리면 완성.

바바가누쉬

재료

가지 2개
올리브유 1큰술
마늘 1쪽 → 으깨기
레몬 1개 → 착즙하기
커민 가루 약간
타히니(참깨 페이스트) 1½큰술
엑스트라버진 올리브유 1큰술
잣 2큰술
다진 이탈리안 파슬리 2큰술
훈연 파프리카 가루 ½작은술
소금과 후추

준비 및 조리: 35분
분량: 4인분

1 가지를 0.5cm 두께로 썰어 소금을 솔솔 뿌리고, 체에 10분간 올려 둔다.

2 10분이 지나면 키친타월로 가지의 물기를 닦는다. 큰 베이킹트레이에 가지를 올려 올리브유를 뿌리고 소금과 후추로 간한다.

3 그릴을 불에 올려 달구고 가지를 넣어 뒤집으며 6~8분간 굽는다. 가지가 노릇해지고 겉이 살짝 그을리면, 그릴에서 가지를 꺼내 은박지로 감싸서 5분간 식힌다.

4 5분이 지나면 가지 껍질을 벗겨 살만 굵게 썬다. 푸드프로세서에 가지와 마늘, 레몬즙, 커민, 타히니를 담아 높은 강도로 1~2분간 간다. 내용물이 크림처럼 매끄럽고 부드러워지면 입맛에 따라 간해 바바가누쉬를 만든다.

5 바바가누쉬를 앞접시에 담고 올리브유, 잣, 파슬리와 훈연 파프리카 가루를 올리면 완성.

꿀 가지 튀김

재료

가지 2개 → 0.5cm 두께로 썰기
소금 1큰술
우유 600ml
식용유 500ml(튀김용)
중력분 125g
꿀 4큰술
카이엔 고춧가루 2자밤
계핏가루 1자밤

준비 및 조리: 50분
냉장 보관: 2시간
분량: 4인분

1 베이킹트레이 위에 식힘망을 올린다. 그 위에 가지를 겹치지 않도록 놓고 소금을 솔솔 뿌린다.

2 가지 위에 베이킹트레이를 쌓고, 제과용 누름돌이나 통조림 등을 20분간 올려 가지의 수분을 빼낸다.

3 수분이 빠진 가지는 큰 그릇에 옮겨 담고 우유를 붓는다. 뚜껑을 덮어 적어도 2시간에서 하룻밤 동안 냉장 보관한다.

4 바닥이 두툼한 팬이나 냄비에 식용유를 담고 불에 올려 180°C로 데운다. 온도계로 식용유 온도를 정확히 측정한다.

5 얕은 접시에 밀가루를 담고 약간의 소금으로 간한다. 냉장 보관한 가지를 우유에서 꺼내 밀가루에 뒤적여 튀김옷을 입힌다.

6 달궈진 기름에 가지를 담가 3~4분간 노릇하게 튀긴다.

7 튀긴 가지는 키친타월을 두른 트레이에 올려 기름을 빼고, 식지 않도록 은박지로 살짝 덮어 둔다.

8 작은 냄비에 꿀, 카이엔 고춧가루, 계핏가루를 넣고 약불에서 데운다.

9 앞접시에 튀긴 가지를 가지런히 담고 앞에서 조리한 꿀을 뿌리면 완성.

민트
지성의 상징

지성이 무엇인지 한마디로 요약하기란 어렵다. 하지만 주제를 관통하는 공감각의 지름길을 활용하면 문제는 의외로 쉽게 해결된다. 쉽게 말하자면 지성은 민트와 비슷하다.

많이 안다고 유능한 선생이나 작가가 되지는 않는다. 독자나 청중에게서 호기심을 끌어내고, 그들로 하여금 요점을 이해하게끔 만드는 사람이 선생이나 작가로 성장한다. 한마디로 그들은 예리하고 명료하다. 복잡하고 모호한 소재나 사안을 정확하고 분명하게 정리한다.

민트는 명료함과 정확함의 감각적인 대응물이다. 지성이라는 개념은 엄청난 특권을 누리는데, 얄궂게도 그 특권은 종종 강자의 편에 붙는다. 우리는 말을 장황하게 늘어놓고, 상반된 주장을 하며, 동시에 너무 세세하게 구분하려 듦으로써 우리의 지성을 드러내 보이려 한다. 또, 사실과 개념을 켜켜이 쌓아 두기만 하고, 다른 이들이 이해 못한 핵심을 설명하려 들지도 않는다. 그렇게 우리는 보이지 않는 상대와 싸운다.

민트는 깊이 생각할수록 생각이 명료하고 또렷해진다는 아주 기본적인 교훈을 준다. 시원하고 상쾌한 민트 향이 정신을 이상적으로 작동하게끔 일깨움으로써 말이다.

레시피

민트를 곁들인 멜론 판체타
민트와 리코타치즈를 더한 애호박 볶음
완두콩 민트 수프
모로칸 민트티

민트를 곁들인 멜론 판체타

재료

잘 익은 멜론 ½개
발사믹식초 1큰술
곱게 썬 민트 잎 2큰술
아주 얇게 저민 판체타 175g
소금과 후추

준비 및 조리: 10분
분량: 4인분

1 멜론의 껍질을 벗기고 속을 가른다. 숟가락으로 멜론씨와 흰 섬유질을 말끔히 발라낸다.

2 멜론을 얇은 웨지 형태의 여덟 조각으로 자르고, 각 조각을 2등분한다. 큰 믹싱볼에 메론 조각과 식초, 민트를 넣어 버무린다. 입맛에 따라 소금과 후추로 넉넉하게 간한다.

3 적당한 크기로 찢은 판체타로 멜론을 감싸면 완성. 바로 먹어야 가장 맛있다.

Tip!
판체타 대신 프로슈토를 써도 좋다.

민트와 리코타치즈를 더한 애호박 볶음

재료

무염 버터 15g

올리브유 2큰술

마늘 1쪽 → 으깨기

애호박 4개 → 0.5cm 두께로 썰기

레몬 ½개 → 착즙하고 겉껍질 강판에 갈기

리코타치즈 100g

민트 잎 넉넉하게 1줌 → 손으로 찢기

준비 및 조리: 15분

분량: 4인분

1 큰 프라이팬이나 냄비에 올리브유를 두르고 버터를 넣은 후 약불에 올려 달군다.

2 팬에 마늘을 넣어 30초간 볶고, 애호박을 겹치지 않게 한 층으로 펼쳐 약불에서 5분간 지진다. 애호박 바닥면이 노릇해지면 뒤집어서 2분간 더 지진다.

3 팬에 레몬즙과 레몬 겉껍질 절반가량을 더해 섞고, 입맛에 따라 소금과 후추로 간한다.

4 앞접시에 볶은 애호박을 담고 리코타치즈 한 덩이를 곁들인다. 민트로 장식하고 나머지 레몬 겉껍질을 올리면 완성.

완두콩 민트 수프

재료

버터 45g
리크 1대 → 곱게 다지기
닭 육수 1000ml(채수로 대체 가능)
냉동 완두콩 300g → 해동하기
시금치 100g → 다지기
생크림 200ml
민트 잎 1줌 → 다지기
넛멕 가루 ¼작은술
소금과 후추

준비 및 조리: 15분

분량: 4인분

1 냄비에 버터를 넣고 약불에 올려 녹이고, 리크를 넣어 8분간 볶는다.

2 냄비에 육수를 받아 5분간 보글보글 끓인다. 완두콩과 시금치를 넣어 시금치의 숨이 죽도록 익힌다.

3 믹서기 또는 핸드 믹서에 냄비에서 끓인 재료, 생크림 150ml, 민트와 넛멕을 넣고 곱게 간다.

4 입맛에 따라 소금과 후추로 간하고, 수프를 머그잔이나 그릇에 나눠 담는다. 남은 크림을 흘려 붓고, 후추를 더하면 완성.

모로칸 민트티

재료

말린 녹찻잎 1큰술

민트 잎 1줌

물 1L

설탕 3큰술

준비 및 조리: 5분

분량: 4~6인분

1 물 전체 분량을 끓인다. 찻주전자에 녹찻잎을 넣고, 끓인 물 250ml를 붓는다. 부드럽게 흔들어 찻주전자를 데우고 찻잎을 헹군다. 찻잎은 걸러내고 찻잎을 헹군 물은 컵에 담는다.

2 앞의 과정을 되풀이하되 걸러낸 물은 버린다.

3 찻주전자에 민트 잎과 설탕, 1번에서 남겨 둔 물 1컵을 넣고 남은 물을 붓는다. 3~4분간 우려낸 뒤 찻잔에 나눠 담으면 완성.

꿀
친절의 상징

달면서도 중독성이 없다는 점은 꿀의 신기한 특징이다. 초콜릿이나 아이스크림은 과식하지 않도록 자제해야 하지만, 꿀은 조금만 먹어도 충만감을 준다.

이는 꿀이 그저 만족을 제공하는 데 그치지 않고 적절한 영양분을 채워주는 식재료라는 점을 말해준다. 대개 정말 원하는 걸 손에 넣으면 끝없는 욕망을 멈추기 마련이다. 인간은 마음 깊이 갈구하는 무언가를 손에 넣지 못할 때 과식하고 탐닉한다. 즉, 중독이란 끝없이 깊은 구멍을 의미한다.

꿀을 뜻하는 영어 단어 '허니(honey)'가 가장 가깝고도 소중한 이를 부르는 호칭으로도 쓰이는 점은 결코 우연이 아니다. 꿀은 기력이 빠지고 어쩔 줄을 모를 때 절박하게 필요한 음식인 동시에 후각적인 친절함도 의미한다.

겉으로 드러나는 수많은 성취의 이면에는, 어떻게 해서든 타인의 친절을 얻으려는 다양한 시도들이 자리한다. 좋은 대우를 받으려고 감동을 주고, 돈을 벌며, 상대를 매혹시키려 애쓴다. 원하는 것을 바로 얻을 수만 있다면, 힘들고 의미 없는 안간힘을 쓰지 않을 게 분명하다.

만족스러운 단맛을 선사하는 꿀은 우리가 그토록 열망하면서도, 갈망하고 있다는 사실조차 너무나 자주 잊곤 하는 친절의 적절한 상징이다.

레시피

꿀 마들렌
꿀과 타임 드레싱을 곁들인 만체고치즈
루쿠마데스
꿀과 간장으로 양념한 연어 구이

꿀 마들렌

재료

달걀 2개
가루 설탕 100g → 체에 내리기
꿀 1큰술
바닐라 추출액 ½작은술
중력분 100g → 체에 내리기
베이킹파우더 ½작은술
소금 1자밤
무염 버터 125g → 녹여서 식히기(바를 것 별도)

준비 및 조리: 10분
조리: 15분
분량: 약 24개

1 오븐을 180°C로 예열한다. 12구 마들렌틀 두 개에 버터를 약간 바른다.

2 큰 믹싱볼에 달걀, 가루 설탕, 꿀, 바닐라 추출액을 넣는다. 전동 핸드 믹서로 걸쭉해지고 윤기가 돌 때까지 휘젓는다.

3 2번 혼합물에 밀가루를 네 차례 나눠 넣으면서 부드럽게 포개듯이 섞는다. 밀가루를 전부 섞으면 베이킹파우더와 소금, 녹은 버터를 차례로 넣고 반죽을 만든다.

4 숟가락으로 반죽을 떠 마들렌틀에 ¾만 채운다. 오븐에 넣어 12~14분간 굽는다. 반죽이 부풀어 오르고 노릇해져야 한다.

5 마들렌틀을 오븐에서 꺼내 그대로 두고, 몇 분 후 마들렌을 틀에서 꺼내 식힘망에 올려 마저 식히면 완성. 따뜻하거나 차게 먹는다.

꿀과 타임 드레싱을 곁들인 만체고치즈

재료

무염 버터 30g
타임 1단 → 이파리 훑기
꿀 100g
만체고치즈 300g → 4등분하기
겉이 바삭한 빵(곁들이용)

준비 및 조리: 10분
분량: 4인분

1 작은 프라이팬에 버터를 넣고 중불에 올려 녹인다.

2 타임을 더해 30~45초간 볶는다. 향이 피어오르면 꿀을 더해 저으면서 보글보글 끓여 드레싱을 만든다.

3 앞접시에 만체고치즈를 나눠 담고 앞서 만든 드레싱을 끼얹는다. 겉이 바삭한 빵을 곁들이면 완성.

루쿠마데스
(꿀과 계피로 양념한 그리스식 도넛)

재료

따뜻한 우유 100ml
효모 10g
중력분 250g
꿀 1큰술
달걀 1개
녹인 버터 45g
식용유(튀김용)
설탕(버무릴 것)
소금

시럽

꿀 100g
설탕 60g
물 3~4큰술

곁들이

다진 아몬드 40g
계핏가루
바닐라 아이스크림(선택 사항)

준비 및 조리: 1시간
발효: 약 1시간
분량: 4인분

1 우유에 효모를 녹인다. 밀가루를 체에 걸러 그릇에 담고, 그 가운데에 구멍을 판다. 구멍에 효모를 녹인 우유와 꿀을 넣고 잘 섞어 반죽을 만든다. 반죽은 랩을 씌워 30분 발효시킨다.

2 달걀과 소금 1자밤, 녹인 버터를 넣고 반죽이 부드러워지도록 치댄다. 반죽이 그릇 가장자리에 붙지 않을 정도가 되면 랩을 씌워 30분 더 발효시킨다.

3 바닥이 두툼한 냄비에 식용유를 부어 180°C가 되도록 가열한다. 그동안 도넛 반죽을 잠깐 치댄다. 남은 버터에 넣었다가 꺼낸 숟가락으로 반죽을 둥글게 떠낸다. 반죽을 식용유에 넣어 2~3분간 노릇하게 튀긴다. 팬 크기에 따라 반죽을 여러 번 나눠 튀기고, 튀긴 도넛은 키친타월에 올려 기름을 제거한다.

4 작은 냄비에 꿀, 설탕, 물을 넣는다. 3~4분간 보글보글 끓이고 불에서 내린다. 충분히 식혀 시럽을 만든다.

5 튀긴 도넛을 접시에 가지런히 담는다. 시럽을 끼얹고 아몬드와 계핏가루를 흩뿌리면 완성. 바닐라 아이스크림을 곁들여도 맛있다.

꿀과 간장으로 양념한 연어 구이

재료

꿀 75g
간장 60ml
식초 2큰술
고춧가루 ¼작은술(선택 사항)
식용유 3큰술
연어 필렛 4개
→ 가시 발라내고 물기 제거하기
마늘 2쪽 → 다지기
고수 1줌(고명용)
통깨 1큰술
소금과 후추

준비 및 조리: 20분
분량: 4인분

1 믹싱볼에 꿀, 간장, 식초와 고춧가루(선택 사항)를 넣고 잘 섞어 소스를 만든다.

2 큰 논스틱팬이나 냄비에 식용유 2큰술을 두르고 중불에 올려 뜨겁게 달군다. 연어는 소금과 후추로 간한다.

3 팬에 껍질이 위를 향하도록 연어를 넣고 5~7분간 노릇하게 지진다.

4 연어를 조심스레 뒤집고, 남은 식용유와 마늘을 더해 1분간 더 지진다. 앞서 만든 소스를 연어 주변에 붓고 부글부글 끓인다.

5 소스가 ⅓분량으로 졸아들면 팬을 불에서 내리고, 연어 위에 고수와 통깨를 올리면 완성. 팬째 그대로 내고 밥이나 찐 채소를 곁들인다.

피스타치오
인내심의 상징

피스타치오는 나무 향이 그득하고 크림처럼 매끄럽지만 먹기 편하지는 않다. 피스타치오 알맹이가 껍데기에 둘러싸여 있는 탓에, 잘 보이지도 않는 단단한 껍데기 틈새 사이에 손톱을 밀어 넣는 고통과 위험을 감수해야만 한다. 마침내 채석장에 도착해 얻는 보상은 달콤하지만, 그 양은 너무나도 적다. 더 먹고 싶다는 욕구가 치밀어 오른다. 하지만 껍데기를 벗기는 성가신 과정을 처음부터 다시 거쳐야 한다는 생각에 선뜻 손이 가지 않는다.

친절하거나, 혹은 장사꾼 기질이 있는 사람들은 피스타치오를 얻는 데 필요한 번거로움에서 우리를 구하고자 노력해 왔다. 명석한 엔지니어들이 설계한 기계는 지금도 분당 수천 개의 피스타치오 껍데기를 제거한다. 덕분에 큰 봉지에 담긴 피스타치오 알맹이를 적절한 가격만 지불하면 살 수 있다. 이제 더 이상 맨손으로 껍데기를 벗기지 않아도 되는 것이다.

하지만 오늘날 다른 일들이 늘 그렇듯, 세상 물정을 잊게 만드는 풍요로움은 적지 않은 대가를 요구한다. 지금 우리는 일 분에 피스타치오를 열두 알, 혹은 그보다 더 많이 먹을 수 있다. 신문을 읽으면서 큰 봉지 하나를 비우는 것도 어렵지 않다. 하지만 그렇게 마구 먹다 보면, 결국 감사할 줄 모르게 된다.

껍데기를 제거하지 않은 피스타치오는 쉬운 성취의 불공정함과 인간을 약화시키는 편안함에 반하는 개념이다. 동시에 인내심과 꾸준한 노력으로 언젠가 성취할 보상을 의미한다. 인내는 마냥 슬픈 미덕 같지만 나름의 교훈을 품고 있다. 그것은 원하는 것을 당장 손에 넣는 게 최선이 아닐 수 있으며, 따라서 욕망이라는 장애물과 끈질기게 싸워야 한다는 중요한 통찰력 위에 자리한다. 그렇게 피스타치오는 인내심이라는 미덕으로 우리를 엄숙하게 안내한다.

레시피

피스타치오 프랄린
바클라바
피스타치오 스펀지 케이크

피스타치오 프랄린

재료

흑설탕 200g
백설탕 225g
생크림 120ml
버터 30g
바닐라 추출액 1작은술
탈각 무염 피스타치오 200g
알갱이가 낱낱이 흩어지는 소금(영국의 말돈, 프랑스의 플뢰르 드 셀 등)

준비 및 조리: 50분
분량: 12인분

1 바닥이 두툼한 냄비에 버터, 흑설탕과 백설탕, 생크림을 담고 약불에 올려 저으면서 끓인다.

2 끓기 시작하면 내용물 온도가 113°C로 오를 때까지 젓지 않고 계속 가열한다.

3 냄비를 불에서 내려 3분간 휘젓고, 바닐라 추출액과 피스타치오를 넣는다.

4 큰 베이킹트레이에 기름을 바르고 유산지를 두른다. 숟가락으로 3번 혼합물을 2큰술씩 떠 유산지 위에 간격을 두고 올린다.

5 소금을 솔솔 뿌리고 30분간 굳히면 완성.

바클라바

재료

탈각 피스타치오 450g
버터 250g
필로 페이스트리 반죽 12장(약 450g)
물 125ml
백설탕 250g
레몬즙 ½개분

준비 및 조리: 1시간 45분(식히기 별도)
조리: 1시간 5분
분량: 베이킹트레이 1개 기준(약 36개)

1 오븐을 180°C로 예열한다.

2 푸드프로세서에 피스타치오를 넣고 굵은 입자가 되도록 간다.

3 팬에 버터를 넣고 약불에서 녹인다. 정사각형 베이킹트레이에 녹인 버터를 바르고 필로 페이스트리와 피스타치오를 번갈아서 한 켜씩 올린다.

4 페이스트리를 새로 올릴 때마다 녹인 버터를 바르고, 맨 윗층은 페이스트리로 마무리한다.

5 페이스트리에 사선으로 칼집을 넣고, 베이킹트레이를 오븐에 넣어 바클라바 윗면이 노릇해지도록 약 1시간 굽는다.

6 바클라바를 굽는 동안 시럽을 준비한다. 냄비에 백설탕과 물 125ml를 담아 불에 올린다. 설탕이 녹아 걸쭉해질 때까지 10분간 끓인다. 레몬즙을 넣고 옆에 두어 식힌다.

7 오븐에서 바클라바를 꺼내고 오븐 온도를 200°C로 높인다. 바클라바 위에 설탕 시럽을 끼얹고 다시 오븐에 넣어 5분간 구우면 완성. 꺼내서 식히고 상온에 두고 먹는다.

피스타치오 스펀지 케이크

케이크

무염 버터 120g
→ 상온에 두어 부드럽게 만들기
백설탕 350g
달걀 2개
바닐라 추출액 2작은술
사워크림 125g
중력분 220g
베이킹파우더 1작은술
베이킹소다 ¼작은술
소금 1자밤
우유 3큰술
탈각 피스타치오 175g

프로스팅

무염 버터 120g
→ 상온에 두어 부드럽게 만들기
크림치즈 120g
→ 상온에 두어 부드럽게 만들기
가루 설탕 250g
바닐라 추출액 ½작은술
뜨거운 물

곁들이

탈각 피스타치오 3큰술 → 슬라이스
탈각 피스타치오 3큰술 → 으깨기
계핏가루
바닐라 아이스크림(선택 사항)

준비 및 조리 : 1시간 35분
분량: 8인분

케이크 만들기

1 오븐을 180°C로 예열한다. 900g들이 식빵틀에 기름을 바르고 유산지를 깐다.

2 큰 믹싱볼에 버터와 백설탕 ⅔를 담고 휘젓는다. 내용물이 크림처럼 색이 연해지고 솜털처럼 푹신해 보여야 한다.

3. 달걀을 1개씩 넣어가며 휘젓고, 바닐라 추출액과 사워크림을 넣어 섞는다.

4 밀가루, 베이킹파우더, 베이킹소다, 소금, 마지막으로 우유를 더해 섞는다. 매끄러운 반죽이 되면 잠시 옆에 둔다.

5 푸드프로세서에 피스타치오와 남은 설탕을 넣고, 부슬부슬한 알갱이가 되도록 1~2초간 돌렸다 멈추기를 몇 차례 반복한다.

6 식빵틀에 반죽 절반을 숟가락으로 떠서 담는다. 그 위에 피스타치오를 고르게 깔고 나머지 반죽 절반을 마저 올린다.

7 식빵틀을 오븐에 넣고 반죽이 노릇하게 부풀어 오르도록 50~60분간 굽는다. 이쑤시개로 케이크 중심을 찔러 넣었을 때 반죽이 묻어나지 않아야 한다. 다 구워진 케이크는 식힘망에 올려 식힌다.

프로스팅 만들기

8 케이크가 식으면 프로스팅을 만든다. 믹싱볼에 버터, 크림치즈를 담고 색이 연해지고 크림처럼 부드러워지도록 3분간 휘젓는다.

9 가루 설탕을 네 번에 나눠 넣고 완전히 섞는다. 바닐라 추출액을 넣고 주머니에 담아 짤 수 있도록 뜨거운 물을 더해 점도를 맞춘다. 둥근 깍지가 달린 짤주머니에 숟가락으로 떠서 담는다.

마무리하기

10 접시에 식은 케이크를 꺼내 담는다. 케이크 윗면에 크림치즈 프로스팅을 짜서 올린다. 피스타치오 슬라이스와 가루를 케이크 윗면에 끼얹으면 완성.

버섯
비관주의의 상징

버섯은 먹기 탐탁지 않을 수 있다. 독이나 고블린과 기분 나쁘게 얽혀 있는 데다가, 축축하고 우울한 장소에서 잘 자라는 이미지 탓이다. 실제로 햇빛이 들지 않는 죽은 나무 아래에서도 버섯은 무럭무럭 자란다. 심지어 시체 주변에서 자라기도 한다. 이런 버섯의 이미지는 슬픔과 통한다. 춥고 칙칙하고 비 내리는 오후나 연말, 생명의 유한함을 이야기하는 버섯은 일 년 중 언제 먹어도 가을의 분위기를 풍긴다.

조리한 버섯은 음악으로 치자면 내향적이면서도 구슬픈 나단조 같다. 그러니 아이들이 버섯을 좋아하지 않는 것도 당연하다. 버섯은 오히려 버섯 특유의 매력을 좀 잃어야 오히려 더 깊은 인상을 남긴다.

버섯을 사랑한다는 것은 비관의 지혜를 설파하는 일과 다름없다. 인간은 버섯처럼 쇠퇴와 어둠 속에서 산다. 우리는 살면서 즐거움이 사라지고, 신체가 노화하며, 수많은 희망이 허비되는 장면을 바라본다. 우리가 가장 아끼는 이들의 고통과 고난까지도 마주하게 될 것이다. 그럼에도 세상은 우리의 잠재력을 제대로 인정해주지 않는다.

우리는 이 모든 걸 받아들여야만 발전할 수 있다. 침울한 서식지에서도 죽지 않고 살아남는 버섯처럼 말이다. 가망이 없어 보이는 장소에서도 영양소를 흡수하며 견딘다. 그렇게 자란 버섯은 잘만 조리하면 감칠맛 넘치는 요리이자 기쁨의 원천이 된다. 이를테면 버섯은 존재의 기묘함을 알려주는 식용 논문인 셈이다.

레시피

버섯 파테
새송이버섯 스캘럽
표고버섯 간장 조림

버섯 파테

재료

올리브유 3큰술
무염 버터 30g
마늘 2쪽 → 곱게 다지기
샬롯 2개 → 곱게 다지기
타임 3줄기
모둠 버섯 450g
→ 기둥 제거하고 굵게 다지기
달지 않은 셰리(피노 등) 3큰술
이탈리안 파슬리 1줌 → 다지기
크림치즈 2큰술
레몬즙 1큰술
겉이 바삭한 빵이나 크래커(곁들이용)
소금과 후추

준비 및 조리: 30분
냉장 보관: 2시간
분량: 4인분

1. 프라이팬이나 소테팬에 올리브유 2큰술을 두른다. 버터를 넣고 중불에서 녹인다.
2. 팬에 마늘, 샬롯, 소금 1자밤을 넣고 야채 숨이 죽도록 5분간 볶는다. 타임을 넣어 1분간 더 볶는다.
3. 팬에 버섯과 올리브유 1큰술을 넣는다. 버섯에서 수분이 빠져나와 거의 다 증발하도록 5~7분간 볶는다.
4. 셰리를 더하고 입맛에 따라 소금과 후추로 간한다. 불을 줄이고 셰리가 거의 다 증발할 때까지 5~7분간 졸인다.
5. 팬에서 타임을 골라내 버리고 남은 재료를 푸드프로세서에 담는다.
6. 푸드프로세서에 파슬리, 크림치즈, 레몬즙을 넣는다. 1~2초씩 돌리고 멈추기를 몇 차례 반복한다. 내용물이 잘 섞이면 입맛에 따라 소금과 후추로 간한다.
7. 그릇에 담아 윗면을 매끈하게 고른다. 랩을 씌워 냉장고에서 2시간가량 재운다.
8. 겉이 바삭한 빵이나 크래커를 곁들여 내면 완성.

새송이버섯 스캘럽

재료

새송이버섯 기둥 4개
→ 물에 헹구고 4cm 두께로 썰기
식용유 1큰술
무염 버터 15g
녹색 잎 허브 이파리(타라곤, 파슬리 등) 1줌
소금과 후추

준비 및 조리: 10분
분량: 4인분

1 키친타월로 버섯 기둥을 가볍게 두들겨 물기를 제거한다. 소금과 후추로 고르게 간한다.

2 큰 프라이팬이나 소테팬에 식용유를 두르고, 강불에 올려 뜨겁게 달군다.

3 팬에 버섯 기둥을 빠르고 고르게 올린다. 버섯 기둥을 뒤집으면서 팬 바닥에 닿은 버섯 면이 고르게 노릇해지도록 1~2분간 지진다.

4 팬에 버터를 넣어 녹인다. 거품이 일면 숟가락으로 떠 버섯에 끼얹는다. 버섯이 아주 야들야들해질 때까지 1~2분간 더 지진다.

5 팬을 불에서 내리고 허브를 고명으로 얹으면 완성.

표고버섯 간장 조림

재료

말린 표고버섯 80g

간장 70ml

흑설탕 1큰술

물 250ml

통깨 2큰술

고춧가루 2자밤(선택 사항)

준비 및 조리: 20분

분량: 4인분

1 냄비에 버섯, 간장, 흑설탕, 물을 넣고 중불에 올려 끓인다.

2 소스가 끓기 시작하면 약불로 줄이고 뚜껑을 덮는다. 버섯이 야들야들해지고 소스를 충분히 흡수하도록 15분간 보글보글 끓인다.

3 버섯을 접시에 담고 통깨와 고춧가루(선택 사항)를 솔솔 뿌린다. 밥과 함께 내면 완성.

호두
자기 이해의 상징

인간의 뇌와 생김새가 신기할 정도로 닮은 호두는 우리로 하여금 자신의 마음을 알아가고자 하는 노력과 그 노력의 중요성을 생각하도록 만든다.

"너 자신을 알라." 가장 위대한 철학자 중 한 사람으로 꼽히는 소크라테스는 철학의 목적을 이렇게 한 문장으로 요약했다. 의식은 대개 우리 내면의 일부분에만 스포트라이트를 비춘다. 이 격언을 중요하게 강조함으로써, 소크라테스는 인간 존재의 가장 큰 문제를 암시했다. 왠지 그럴 것 같은 운명적인 느낌과는 달리, 우리는 보통 자신에 대해 잘 알지 못한다. 우리는 관심을 잘 기울이지 않는 힘에 휘둘리곤 한다. 시기, 부정당한 분노, 파묻힌 상처와 가지고 있는지도 몰랐던 어린 시절의 이상 등이 알게 모르게 우리의 세계관을 형성한다. 더 큰 문제는 겉만 보면 마음이 매우 단순해 보인다는 것이다. 정신의 밀도와 미쳐 버릴 것 같은 복잡함을 깨닫기란 매우 어렵다.

사람의 마음처럼 호두 또한 깨지기 쉽고 소중한 것이며, 고도의 섬세한 힘으로만 부술 수 있는 단단한 껍데기에 둘러싸여 있다. 호두 껍데기를 까듯이 마음을 열어 보려는 시도는 종종 역효과를 낳는다. '삶의 의미는 무엇이고, 나는 누구일까? 또 나에게 맞는 직업은 무엇이며 어떤 사람을 만나야 할까?'와 같이 섬세하지 못한 질문들을 마주하면 우리의 뇌는 충격을 받고 마비되어 버린다.

이렇게 호두는 소크라테스의 가르침을 따르는 데 필요한 투지와 산파술을 상기시키는 역할을 한다.

레시피

호두 페스토
월도프 샐러드
대추야자 호두 빵
호두 정과

호두 페스토

재료

바질 잎 25g
호두 45g → 다지기
마늘 1쪽 → 으깨기
엑스트라버진 올리브유 60ml
파르메산치즈 가루 4큰술
레몬즙 2큰술
소금과 후추

준비 및 조리: 5분

분량: 4인분

1 푸드프로세서에 바질 잎과 호두를 넣고 1~2초 돌렸다가 멈추기를 반복해 곱게 다진다. 마늘과 올리브유도 넣고 매끄럽게 간다.

2 파르메산치즈와 레몬즙을 넣고, 입맛에 따라 소금과 후추로 간한 뒤 푸드프로세서로 잘 섞는다.

3 푸드프로세서 내용물을 그릇에 담아서 내면 완성. 바로 먹어야 맛있지만 밀폐 용기에 담아 냉장 보관해도 괜찮다.

월도프 샐러드

재료

요구르트 55g
마요네즈 55g
레몬즙 2큰술
따뜻한 물 2큰술
호두 150g → 반으로 가르기
사과 2개 → 깍둑썰기
씨 없는 적포도 225g
셀러리 4대 → 껍질 벗기고 썰기
로메인 양상추 2통 → 이파리 낱낱이 떼어내기
소금과 후추

준비 및 조리: 15분
분량: 2인분

1 믹싱볼에 요구르트, 마요네즈, 레몬즙, 따뜻한 물, 소금과 후추를 넣고 섞는다.

2 호두, 사과, 포도, 셀러리도 넣고 잘 버무려 샐러드를 만든다.

3 접시에 양상추 이파리를 깔고, 샐러드를 골고루 올리면 완성.

대추야자 호두 빵

준비 및 조리: 1시간 20분

분량: 4인분

재료

대추야자 150g → 씨 발라내고 다지기

물 250ml

버터 120g(바를 것 별도)

백설탕 225g

베이킹소다 1작은술

중력분 200g

달걀물 1개분

바닐라 추출액 1작은술

다크 럼 2큰술(선택 사항)

호두 125g → 다지기

1 오븐을 180°C로 예열한다. 900g들이 식빵틀에 버터를 바르고 유산지를 두른다.

2 냄비에 대추야자와 물을 담아 중불에 올린다. 물이 끓기 시작하면 버터와 설탕을 넣고 잘 저어 녹인다.

3 냄비를 불에서 내린다. 베이킹소다를 섞어서 10분간 둔다.

4 내용물이 식으면 믹싱볼에 옮겨 담는다. 밀가루, 달걀물, 바닐라 추출액, 럼(선택 사항)을 넣고 전기 믹서로 섞는다. 호두를 더해 포개듯 섞어 반죽을 만들고, 숟가락으로 떠서 준비한 식빵틀에 담는다.

5 식빵틀을 오븐에 넣고 1시간 굽는다. 반죽이 부풀어 오르고 윗면이 말라야 한다.

6 오븐에서 식빵틀을 꺼내 식힘망에 얹는다. 빵이 완전히 식으면 완성.

호두 정과

재료

호두 125g → 반으로 가르기

설탕 50g

버터 1큰술

알갱이가 낱낱이 흩어지는 소금(영국의 말돈, 프랑스의 플뢰르 드 셀 등)

준비 및 조리: 10분

식히는 시간: 10분

분량: 1컵

1 베이킹트레이에 유산지를 두르고, 논스틱팬을 중불에 올려 달군다.

2 팬에 호두, 설탕, 버터를 넣는다. 내용물이 타지 않도록 뒤적이며 4~5분간 볶는다. 녹은 설탕과 버터를 호두에 골고루 입힌다.

3 팬의 내용물을 빠르게 베이킹트레이로 옮긴다. 서로 달라 붙지 않도록 호두가 식기 전에 간격을 벌린다. 소금(선택 사항)을 솔솔 뿌린다.

4 호두 정과가 단단해지도록 10분간 식히면 완성. 샐러드에 고명으로 올리거나 그대로 먹는다.

초콜릿
자기애의 상징

예로부터 자기애는 문제로 간주되어 왔다. 허영이나 지나친 자부심, 과시나 잘난 척이 대표적인 자기애의 표현 방식이기 때문이다. 자기애는 정당한 비판마저도 수용하지 않겠다는 태도, 자기의 모든 성격과 행동에 사람들이 매료될 것이라는 근거 없고 광기 가득한 확신으로 직결된다.

하지만 사람들은 종종 정반대의 문제로 고통받는다. 자신에게 지나치게 각박한 태도, 또는 솔직한 모습을 사람들이 싫어할 것이라는 불안 말이다.

어떤 점에서 우리의 생존은 자기애라는 기술에 달려 있다. 지나친 감이 없지는 않지만, 침대에 누워 한 손에는 초콜릿을 들고 분위기에 취해 자기애를 즐기는 시간은 단순히 기분이 좋을 뿐 아니라 우리에게 꼭 필요하다. 자기애의 영향 아래에서 우리는 얼마나 많은 것들이 불공정하고, 사람이 얼마나 인색해질 수 있으며, 그럼에도 우리가 얼마나 친절하고 선한지 새로이 느낀다.

자기애는 중요한 성취다. 만약 우리가 우리 자신을 사랑하지 않는다면 어떤 일이 벌어질까. 아이를 달래는 부모를 떠올려 보자. 부모의 역할은 언젠가 아이들이 스스로를 보살필 수 있도록 가르치는 것이다. 우리는 그만큼 다시 누군가에게 사랑받을 수 없더라도, 상냥한 부모의 태도를 내면화함으로써 서서히 자신을 사랑할 수 있게 된다.

초콜릿은 제멋대로다. 그리고 그것은 동시에 자기애처럼 균형 잡힌 삶에 꼭 필요한 미덕이다.

레시피

초콜릿 트러플

밀가루 없이 만드는 초콜릿 케이크

초콜릿 퐁당 푸딩

초콜릿 입힌 과일

초콜릿 트러플

재료

다크초콜릿(카카오 함량 70%이상) 300g
→ 다지기
생크림 250ml
버터 30g
코코아 가루(고명용)

준비 및 조리: 20분
냉장 보관: 4시간
분량: 6인분

1 그릇에 초콜릿을 담는다.

2 팬에 생크림과 버터를 담아 불에 올린다. 내용물이 보글보글 끓으면 초콜릿을 넣고 완전히 녹을 때까지 젓는다.

3 랩으로 덮어 4시간가량 냉장 보관한다.

4 기름을 바른 손으로 냉장 보관한 혼합물을 호두 알맹이 크기로 떼어 둥글게 빚는다. 베이킹시트에 올리고 코코아 가루를 흩뿌리면 완성. 먹을 때까지 냉장 보관한다.

밀가루 없이 만드는 초콜릿 케이크

케이크

다크초콜릿(카카오 함량 70% 이상) 200g
→ 다지기
브랜디 1큰술
진한 블랙커피 1큰술
백설탕 150g
무염 버터 150g(바를 것 별도)
아몬드 가루 100g
달걀 5개 → 흰자와 노른자 분리하기

고명

다크초콜릿(카카오 함량 70% 이상) 70g
→ 다지기

준비 및 조리: 1시간 15분

분량: 케이크 1개(12인용)

케이크 만들기

1 오븐을 180°C로 예열한다. 지름 20cm짜리 둥근 케이크틀에 버터를 바르고 유산지를 두른다.

2 내열성 그릇에 초콜릿, 브랜디, 커피, 설탕과 버터를 넣고 보글보글 끓는 물에 중탕한다. 내용물이 다 녹으면 그릇을 불에서 내리고, 매끈해지도록 휘젓는다. 잠시 식혔다가 아몬드 가루를 섞는다.

3 달걀노른자만 초콜릿 혼합물에 넣는다.

4 달걀흰자를 부드럽게 올라오는 뿔이 생길 때까지 휘젓고, 앞의 혼합물에 넣어 포개듯 살포시 섞는다.

5 앞의 혼합물을 케이크틀에 담아 오븐에서 35~45분간 굽는다. 다 구워지면 오븐에서 케이크틀을 꺼내 그대로 두고, 10분 뒤 케이크를 틀에서 꺼내 식힘망에 얹어 마저 식힌다.

고명 만들기

6 내열성 그릇에 초콜릿을 담아 보글보글 끓는 물에 중탕한다. 초콜릿이 녹으면 그릇을 불에서 내려 살짝 식힌다.

7 녹은 초콜릿을 케이크에 끼얹고 완전히 굳히면 완성.

초콜릿 퐁당 푸딩

퐁당

버터 120g(틀에 바를 것 별도)
중력분 35g(틀에 두를 것 별도)
다크초콜릿(카카오 함량 70%이상) 200g
→ 다지기
달걀 2개
달걀노른자 2개분
백설탕 110g

고명

코코아 가루 2큰술

준비 및 조리: 40분

분량: 4인분

1 오븐을 180°C로 예열한다. 1인용 푸딩틀 4점에 부드러운 버터를 바른다. 푸딩틀에 밀가루를 두르고 남은 것은 털어낸 뒤 베이킹트레이에 담는다.

2 내열성 그릇에 초콜릿과 버터를 담아 중탕한다. 내용물을 저으면서 매끄럽게 섞고, 잠시 식힌다.

3 큰 믹싱볼에 달걀, 달걀노른자, 설탕을 넣는다. 내용물이 걸쭉해지고 색이 연해질 때까지 2~3분간 휘젓는다. 중탕해서 식힌 초콜릿을 더해 포개듯 섞는다. 밀가루를 체로 내려 더하고 매끄러운 반죽이 될 때까지 포개듯 섞는다.

4 반죽을 푸딩틀에 고르게 나눠 담는다. 푸딩틀을 오븐에 넣고 14~16분간 굽는다. 반죽이 푸딩틀 가장자리에서 떨어져야 한다.

5 오븐에서 푸딩틀을 꺼내 3분간 식힌다. 푸딩틀을 접시 위로 뒤집어 올린다.

6 푸딩에 코코아 가루를 흩뿌리면 완성.

초콜릿 입힌 과일

재료

다크초콜릿(카카오 함량 70%이상) 300g
→ 다지기
소금 1자밤
딸기, 체리, 바나나 등 모둠 과일 450g

준비 및 조리: 15분
분량: 4인분

1 큰 베이킹트레이에 유산지를 두른다.

2 내열성 그릇에 초콜릿을 담아 중탕하고, 가끔 저으면서 초콜릿을 녹인다.

3 초콜릿이 완전히 녹으면, 그릇을 불에서 내리고 소금으로 간한다.

4 녹인 초콜릿에 과일을 담갔다가 유산지에 올리고 완전히 굳히면 완성.

마늘
자기주장의 상징

우리는 모두를 만족시킬 수 없다는 진실을 원칙적으로 받아들인다. 하지만, 이는 본능을 약하게 지배할 뿐, 실제로는 타인을 기쁘게 하는 사람이 되고 싶어 한다. 타인의 기분을 불편하게 만들거나 화를 돋우지 않도록 굽신거려야 한다고 믿고, 타인의 요청을 거절하거나 다수의 의견에 동의하지 않을 때 후환이 생기지 않을까 두려워한다.

마늘은 더 대담하고 자신만만한 자아를 상징한다. 어떤 이들은 마늘 냄새가 지독하다고 여기는 반면, 확 퍼지는 마늘의 알싸한 열기를 좋아하는 이들도 있다. 분명한 사실은 마늘에게 불쾌를 선사하려는 의도가 없다는 점이다. 우리 모두가 서로 다른 취향을 갖고 태어났을 뿐이다.

주장과 공격은 굉장히 다르다. 둘의 차이를 이해하는 게 중요하다. 자기주장을 한다는 것은 타인에게 불필요한 상처를 주지 않고 진심을 말한다는 의미이다. 확신에 찬 말과 행동은 타인을 거슬리게는 할 수 있지만, 의도적이지는 않다. 누군가의 기분을 거슬리게 했다면 사실 미안한 일이다. 다만 진실을 정직하게 말하기 위해서는 어느 정도의 불편은 감수해야 할 따름이다.

레시피

곰파와 오렌지를 넣은 타라곤 버터
마늘과 양파로 만드는 타르트 타탱
까이 토트 끄라티엠
아이올리

곰파와 오렌지를 넣은 타라곤 버터

재료

곰파 1단 → 이파리만 분리하기
타라곤 1단 → 이파리만 분리하기
오렌지 1개 → 착즙하고 겉껍질 강판에 갈기
버터 250g → 상온에 두어 부드럽게 만들기
소금과 후추

준비 및 조리: 20분
냉장 보관: 12시간
분량: 6~8인분

1 곰파와 타라곤 이파리를 흐르는 찬물에 씻고, 키친타월로 물기를 제거한다.

2 푸드프로세서에 곰파와 타라곤 이파리, 오렌지즙과 오렌지 겉껍질, 버터를 담고 매끄럽게 섞일 때까지 높은 강도에서 간다.

3 푸드프로세서 내용물을 스패출러로 긁어내 유산지에 올린다. 원통 모양으로 말아서 밤새 냉장 보관하면 완성. 칠면조나 닭을 구울 때 껍질에 바르거나 채소를 구울 때 올리면 맛있다.

마늘과 양파로 만드는 타르트 타탱

재료

버터 15g
올리브유 2큰술
적양파 4개 → 얇게 썰기
마늘 6~8쪽 → 굵게 다지기
타임 3~4대 → 잘게 썰기
발사믹식초 75ml
소금과 후추
흑설탕 1자밤
퍼프 페이스트리 1장(기성품, 약 300g)

준비 및 조리: 55분
분량: 타르트 1개

1 오븐을 190°C로 예열한다. 지름 22cm짜리 타르트틀(또는 무쇠팬)에 버터를 바른다.

2 프라이팬에 올리브유를 두르고 불에 올린다. 양파를 넣고 가끔 뒤적이며 5분간 볶는다. 마늘과 타임, 발사믹식초를 넣어 5분간 보글보글 끓인다. 입맛에 따라 소금, 후추, 설탕으로 간한다.

3 조리한 양파를 타르트틀에 옮겨 담는다. 퍼프 페이스트리 반죽을 펼쳐 틀보다 지름이 5cm 더 크게 잘라낸다(약 27cm). 반죽을 양파 위에 올리고 가장자리를 타르트틀 바닥쪽으로 깊이 눌러 넣는다. 타르트틀을 오븐에 넣어 25분간 굽는다.

4 오븐에서 타르트틀을 꺼내고 타르트 타탱에 야채 샐러드를 곁들이면 완성. 뜨거울 때 먹어야 맛있다.

까이 토트 끄라티엠
(마늘 프라이드치킨)

재료

마늘 8쪽 → 곱게 다지기
백후추 1작은술
간장 1½큰술
굴소스 1½큰술
식초 1½큰술
흑설탕 1큰술
닭가슴살 2개
→ 껍질 제거하고 3cm 두께로 썰기
식용유 75ml
홍고추 1개 → 곱게 슬라이스(고명용)

준비 및 조리: 15분
냉장 보관: 1시간
분량: 2인분

---

1 믹싱볼에 마늘, 백후추, 간장, 굴소스, 식초와 흑설탕을 담아 흑설탕이 녹을 때까지 젓는다.

2 닭가슴살을 더해 잘 버무리고, 랩을 씌워 냉장고에 1시간 보관한다.

3 웍에 식용유를 넣고 강불에 올린다. 웍이 달궈지면 닭가슴살을 넣고 노릇해질 때까지 5~7분간 익힌다.

4 조리한 닭가슴살을 그릇에 옮겨 담고, 홍고추를 올려 밥과 함께 내면 완성.

아이올리

재료

마늘 8쪽

엑스트라버진 올리브유 250ml

레몬즙 1작은술

소금

준비 및 조리: 20~30분

분량: 1컵

1 절구에 마늘과 소금 1자밤을 넣어 매끈하게 다진다.

2 앞의 절구에 레몬즙을 넣고 섞는다.

3 앞의 절구에 올리브유를 한 방울씩 넣으면서 공이로 찧는다. 완전히 유화가 되면 다음 방울을 더한다. 마요네즈와 비슷한 농도가 될 때까지 되풀이한다.

4 아이올리가 너무 걸쭉하면 물 몇 방울을 더한다. 찐 아티초크나 스테이크를 찍어 먹는다.

달걀
동정심의 상징

측은지심은 매력적인 개념이지만 현실에서 발휘하기 쉽지 않다. 눈치 없이 소란을 피운다거나 계획을 망치고, 도우려는 사람을 멍청이라 부르거나, 알아서 모든 걸 다 해달라는 태도를 이해하고 친절하게 대하기란 정말 어렵다. 물론 상대가 알에서 갓 깨어난 어린아이라면 이야기는 달라진다.

네 살 이하의 아이에게 좀처럼 숨겨지지 않는 동정심이라는 미덕은 참으로 신기하다. 성인이라면 가차 없는 잘못도, 두 살짜리 아이가 했다면 한없이 너그러워진다.

우리는 대체로 아이들의 행동을 최대한 너그럽게 받아들여야 한다고 여긴다. 그들은 그저 피곤하거나 혼란스럽거나 배가 고플 뿐이다. 아이들은 좋은 의도를 쉽게 알아차리지 못한다. 그래서 겁을 먹거나 이성보다 감정에 앞서 행동하지만, 그때마다 아이들의 거슬리는 행동을 체벌하거나 교정하려 들지는 않는다.

아이를 향한 동정심을 성인으로 확장해 보면 어떨까? 성인 또한 두려움과 불안에 시달린다. 기분에 휩싸여 마음에도 없는 말로 사람들을 들들 볶기도 한다. 그냥 누구에게라도 책임을 떠넘기고 싶어서 아무 상관없는 구경꾼에게 불만을 토로하기 일쑤다. 사실을 확인하기 위해 타인을 분석할 필요도 없다. 우리 자신의 행동을 차분히 들여다보면 알 수 있다.

동정심을 일으키는 중요한 동력은 모든 사람들과 마찬가지로 불편한 사람 역시 한때는 어린아이였으며, 단지 불완전한 성인으로 성장했음을 인지하는 데에서 출발한다. 그들의 생각 대부분은 높은 유아용 의자에 앉았을 때 형성되었으며, 감정의 패턴은 신발끈도 제대로 매지 못할 때 자리를 잡았다.

어린 시절에 찍은 사진에서 상대의 새로운 면모를 발견하고 감동하곤 한다. 어린 시절은 오랜 시간 억눌렸던 과거를 나타낼 뿐만 아니라, 이 사람이 지금 어떤지 설명하는 중요한 부분까지 포착해 낸다. 대부분은 바가지 머리를 하고 교정기를 꼈던 시절의 어린아이와 크게 다르지 않다. 이렇게만 생각할 수 있다면 그들을 바라보는 시각은 극적 변화를 맞는다.

달걀은 기원을 의미하는 보편적 상징이다. 오리알과 닭알부터 타조알까지 종류도 다양하다. 그런데 모든 알에는 공통점이 있다. 다 자란 성체가 얼마나 다르게 보이는지와 무관하게 모두 기묘하고,

아담하고, 사랑스러운 알에서 출발했다는 사실이다. 사람 역시 모두가 동일한 어린 시절을 보내진 않지만, 누구나 한때는 어린아이였다.

박물관에서 티라노사우루스 렉스의 알을 보고 있으면 이 공격적이고 무서운 공룡조차 한때는 귀여운 아이였음을 발견하고 연민을 느낄지도 모른다. 그와 비슷하게 타인을 괴롭히는 비열한 사람도 한때는 어린아이였다. 숟가락으로 이유식을 떠먹이고, 자장가를 불러줄 누군가를 필요로 했었다. 쉽사리 겁을 먹던 그 아이는 자신의 시작을 직접 고를 수 없는 존재였다.

달걀을 권하거나 먹는 행위는 친절함을 의미한다. 18세기 프랑스의 화가 샤르댕이 그린 심오하도록 사랑스러운 그림인 〈요양자를 위한 식사(Meal for a Convalescent)〉에는 여인이 삶은 달걀의 윗면을 잘라내는 모습이 담겨 있다. 그는 누군가를 위해 음식을 준비하고 있다. 상대는 고압적인 고용주나 완벽함과는 거리가 먼 남편일 수도 있다. 달걀을 놓고 숙고하는 모습은 마치 강력한 감정을 조절하는 과정처럼 보인다. 달걀을 먹을 사람이 얼마나 불편하고 밉살스럽든, 그도 조류로 치면 하나의 알과 같은 존재였다. 갓 태어난 그들은 작고 의존적이었으며, 사랑받고 싶어 하면서 쉽게 울었고, 부드러운 담요의 귀퉁이를 잡고 편안함을 느꼈다. 그들은 아무것도 모르는 아기였다. 높은 유아용 의자에 앉아 턱받이를 두른 채, 노른자를 손가락이나 토스트로 찍어 먹고 칭찬을 받았을 것이다. 우리는 식사를 준비하는 여성이 옆방에서 자기 연민에 휩싸인 퉁명스러운 사람을 그저 어린아이로 보고 있는 건 아닐까 상상해 볼 수 있겠다.

장 바티스트 시메옹 샤르댕,
<요양자를 위한 식사>, 1747년경

레시피

프렌치 오믈렛
샥슈카
파스텔 드 나타

프렌치 오믈렛

재료

달걀 12개

무염 버터 60g → 깍둑썰기

차이브 1줌 → 곱게 다지기(선택 사항)

소금과 후추

준비 및 조리: 15분

분량: 4인분

1 믹싱볼에 오믈렛 1개당 달걀 3개를 풀고, 소금과 후추로 아주 넉넉히 간한다.

2 논스틱 오믈렛팬 또는 프라이팬을 중불에 올리고, 버터 15g을 넣어 녹인다.

3 풀어 놓은 달걀을 팬에 붓고 고르게 퍼트려 익힌다. 스패출러로 오믈렛의 밑면을 들어 올려 아직 익지 않은 달걀물을 아래로 흘려보낸다.

4 오믈렛이 노릇하게 익으면, 오믈렛을 접어 미끄러뜨리듯 접시로 옮겨 담는다. 앞의 과정을 반복해 오믈렛을 마저 만든다.

5 입맛에 따라 차이브를 솔솔 뿌리면 완성.

샥슈카

재료

올리브유 3큰술
양파 2개 → 다지기
빨간 파프리카 1개 → 씨 발라내고 깍둑썰기
홍고추 1개 → 씨 발라내고 깍둑썰기
마늘 4쪽 → 곱게 다지기
토마토퓌레 50g
다진 토마토 통조림 800g
월계수 잎 1장
백설탕 1큰술
파프리카 가루 3큰술
커민 가루 2큰술
캐러웨이 가루 ½작은술
달걀 4개
고수 약간(고명용)
소금과 후추

준비 및 조리: 50분
분량: 4인분

1 큰 소테팬이나 캐서롤 접시에 올리브유를 두르고 중불에 올려 뜨겁게 달군다.

2 양파를 넣어 숨이 죽고 반투명해지도록 6~8분간 볶는다. 파프리카, 고추, 마늘을 더해 뒤적이며 5분간 더 볶는다.

3 토마토퓌레를 더해 1분간 끓인다. 다진 토마토, 월계수 잎, 설탕과 향신료를 넣어 섞는다.

4 걸쭉해질 때까지 15~20분간 보글보글 끓인다. 입맛에 따라 소금과 후추로 간한다.

5 스튜에 작은 구멍을 네 군데 파고, 구멍마다 달걀을 하나씩 깨서 넣는다. 뚜껑을 덮고 불을 줄여 달걀흰자가 익을 때까지 6~8분간 더 끓인다.

6 스튜에 고수를 얹고 소금, 후추로 간하면 완성.

파스텔 드 나타
(포르투갈식 에그 타르트)

재료

퍼프 페이스트리 300g
밀가루 약간
우유 500ml
설탕 225g
바닐라 추출액 1작은술
옥수수 전분 1큰술
소금 1자밤
계핏가루
달걀 2개
달걀노른자 3개분

준비 및 조리: 1시간 5분
분량: 타르트 12개

1 오븐을 200°C로 예열한다. 12구 머핀틀에 버터를 바른다.

2 밀가루를 두른 작업대에서 퍼프 페이스트리를 밀어 지름 10cm짜리 원형 반죽 12점을 따낸다. 반죽은 준비한 머핀틀에 얹는다.

3 팬에 우유를 넣어 불에 올린다. 우유가 끓기 시작하면 팬을 불에서 내린다.

4 우유에 설탕, 바닐라 추출액, 옥수수 전분을 섞는다. 팬을 다시 불에 올려 내용물이 살짝 걸쭉해질 때까지 2~3분간 더 끓인다.

5 팬을 불에서 내리고 조금 식힌다. 소금, 계핏가루, 달걀과 달걀노른자를 잘 섞어 커스터드를 만든다. 만들어진 커스터드는 페이스트리에 나눠 담는다.

6 머핀틀을 오븐에 넣고 12~15분간 굽는다. 페이스트리를 머핀틀에서 꺼내 완전히 식히면 완성.

루바브
감사하는 마음의 상징

만족감을 가로막는 주요 장애물 중 하나가 감사하는 방법을 모르는 것이라고 말하면, 상당히 이상하게 들리겠지만 틀린 말은 아니다. 일단 우리는 감사를 익혀야 할 기술이라고 생각하지조차 않는다. 감사란 가치를 따지는 능력에 자연스럽게 딸려 온다고 생각하기 때문에, 그럴 만한 가치가 있는 일이 있으면 감사한 마음이 저절로 생긴다고 여기는 듯하다. 여기에 아직 가치 있는 무언가를 손에 쥐지 못했다는 생각은 우리가 감사를 더욱 멀리하도록 부추긴다.

그러다 가끔 놀라운 감정을 맞닥뜨리곤 한다. 친숙하고 접하기 쉬워서 오랫동안 가치조차 매기지 않았던 무언가를 손에 넣었는데, 그것이 지닌 중요성과 아름다움에 압도되어 버리는 것이다. 이를테면 창문으로 보이는 풍경이나 커튼으로 내리쬐는 햇살, 집 옥상에서 맞는 고요, 눈앞의 테이블에 놓인 애인의 손, 또는 막 조리한 루바브 같은 것 말이다.

감각이 확장되면 이전에는 무심코 지나쳤던 기억을 다시 떠올리게 된다. 덕분에 우리의 감사하는 요령에 부족함이 있음을 깨닫고 좀 더 겸손해지면서, 감사한 일이 더 없는지 궁금해진다. 그 결과 대담하고 거대하며 불온한 생각의 언저리에 도달할 수도 있다. 가치가 없기 때문이 아니라, 우리가 가치를 제대로 느끼지 못해서 세상에 만족하지 못했던 것은 아닌가 하는 의문이다.

루바브의 첫인상은 매력 없고 지루하다. 역설적이게도 그게 루바브가 감사하는 마음을 상징하는 이유다. 루바브는 잘못 조리하면 시고 너저분하면서 역겹다. 그렇게 루바브를 처음 접하면 금새 루바브를 싫어하게 된다. 하지만 제대로 조리한 루바브는 모범적이면서도 다채롭다.

루바브는 삶에서 가장 중요한 주제를 상기시킨다. 제대로 보지 않고 놓쳤던 무언가의 잠재적인 매력 말이다. 어쩌면 우리는 우리가 생각하는 것보다 훨씬 많은 것을 가지고 있는지도 모른다.

레시피

루바브 크럼블

루바브와 생강 와인크림

루바브 브레드 푸딩

루바브 크럼블

크럼블 소

무염 버터 15g
→ 상온에 두어 부드럽게 만들기
루바브 500g → 3cm 길이로 썰기
생 혹은 냉동 크랜베리 200g
→ 냉동이면 해동하기
백설탕 4큰술
오렌지 ½개 → 착즙하기

크럼블

백설탕 125g
납작 귀리 150g
중력분 70g
버터 110g → 녹이기

준비 및 조리: 50분
분량: 4인분

1 오븐을 180°C로 예열한다. 제과제빵팬에 버터를 바른다.

2 루바브, 크랜베리, 설탕과 오렌지즙을 섞어 소를 만든다. 소는 제과제빵팬에 담는다.

3 크럼블 재료를 한데 모아 부슬부슬해질 때까지 양손가락 끝으로 문질러 섞는다. 크럼블은 앞의 소 위에 솔솔 뿌린다.

4 제과제빵팬을 오븐에 넣고 20~25분간 굽는다. 루바브가 부드러워지고 크럼블이 노릇해지면 완성. 따뜻할 때 커스터드나 바닐라 아이스크림을 곁들여 먹는다.

루바브와 생강 와인크림

재료

루바브 450g → 2.5cm 길이로 썰기

곱게 다진 생강 2큰술

백설탕 80g

달지 않은 화이트와인 100ml

생크림 300ml

마스카르포네치즈 100g

체에 내린 가루 설탕 60g

곱게 다진 편강 2큰술

쇼트브레드(곁들이용)

준비 및 조리: 20분

분량: 4인분

1 바닥이 두툼한 냄비에 루바브, 생강, 백설탕과 와인을 넣고 중불에 올린다. 끓기 시작하면 약불로 줄여 루바브가 부드러워질 때까지 5~7분간 끓인다.

2 냄비를 불에서 내려 식힌다.

3 그동안 믹싱볼에 생크림, 마스카르포네치즈, 가루 설탕을 넣고 크림처럼 매끄럽고 걸쭉해지도록 섞는다.

4 끓여서 익힌 루바브 ⅓가량을 3번의 생크림 혼합물에 넣고 포개듯 섞는다.

5 남은 루바브를 4등분하여 유리잔에 담고, 그 위에 루바브를 섞은 생크림 혼합물을 올린 뒤 다진 편강으로 장식한다. 쇼트브레드를 곁들이면 완성.

루바브 브레드 푸딩

재료

물 100ml
백설탕 150g
루바브 450g → 4cm 길이로 썰기
우유 350ml
생크림 250ml
바닐라 추출액 1작은술
달걀 3개
달걀노른자 1개분
소금 1자밤
묵은 브리오슈 혹은 흰 식빵 250g
버터 45g → 상온에 두어 부드럽게 만들기
리코타치즈 250g → 물기 제거하기
가루 설탕 2큰술(뿌릴 것 별도)
오렌지 1개 → 겉껍질 강판에 갈기

곁들이

생크림 혹은 바닐라 아이스크림

준비 및 조리: 1시간 25분

분량: 4~6인분

1 큰 냄비에 물 100ml와 설탕 50g을 넣어 중불에 올린다. 물이 끓으면 루바브를 더한다.

2 냄비 뚜껑을 덮고 루바브가 부드러워질 때까지 7~10분간 보글보글 끓인다. 루바브를 키친타월을 두른 접시에 올려 물기를 뺀다.

3 다른 냄비에 우유, 생크림, 바닐라 추출액을 담아 중불에 올린다. 그동안 큰 믹싱볼에 달걀, 달걀노른자, 소금과 남은 설탕을 넣고 색이 연해지고 걸쭉해질 때까지 2~3분간 휘젓는다.

4 냄비를 불에서 내리고 3번 혼합물을 서서히 휘저으며 넣어 커스터드를 만든다.

5 준비한 브리오슈에 버터를 바른다. 믹싱볼에 가루 설탕과 오렌지 겉껍질, 리코타치즈를 넣고 가볍게 섞는다.

6 버터를 바른 빵에 5번 혼합물을 펴 바르고, 오븐 사용 가능한 접시에 조금씩 겹치도록 펼쳐 담는다.

7 물기를 제거한 루바브를 펼쳐 담은 빵 위에 올리고, 커스터드를 끼얹어 푸딩을 만든다. 푸딩은 30분간 그대로 두고, 그동안 오븐을 180℃로 예열한다.

8 빵을 겹쳐 담은 접시를 오븐에 넣고, 푸딩이 부풀어 오르고 윗면이 노릇해질 때까지 40~45분간 굽는다.

9 푸딩을 오븐에서 꺼내 10분 이상 식힌다. 가루 설탕을 솔솔 뿌리고 크림이나 아이스크림을 곁들이면 완성.

Tip!

사흘 묵은 브리오슈나 식빵으로 만들면 맛있다.

2

Looking after ourselves

우리 자신을 돌보기

우리 자신을 돌보기

자기 자신을 돌보는 방법은 삶의 가장 위대한 기술로 대접받아야 마땅하다. 어른이 되고 나면 나를 대신 돌봐줄 사람은 어디에도 없다. 그래서 우리는 스스로 돌보는 방법을 알아야 한다. 충분한 수면을 취하고 흥분을 통제하며, 납세의 의무도 소홀히 해서는 안 된다. 자긍심을 일깨우고 희망을 불어넣으면서도 필요하면 적절한 비판을 받아들여야 하고, 패배하더라도 자신을 일으켜 세울줄 알아야 한다.

이런 보살핌에는 마음 한편에서 우러나는 위로의 말과 격려의 표현이 수반된다. "너는 할 수 있어, 남의 말을 귀담지 마, 그들이 뭘 알겠어? 해낼 수 있을 거야" 등등….

스스로를 돌보는 일에는 음식도 빼놓을 수 없다. 음식의 힘을 빌어 절망과 공포를 극복하는 것이다. 수프를 알맞게 끓여 이별을 달래고, 제철 채소로 자기혐오를 가라앉힌다. 소금과 설탕, 탄수화물과 단백질, 향신료와 양념이 마음속 폭풍을 누그러뜨린다는 사실을 우리는 알게 될 것이다.

여기서는 각종 딜레마와 고통스러운 상황을 제시하고, 이에 대응해 혼란과 불행이 밀려올 때를 대비할 레시피를 소개한다. 이러한 접근법은 부엌을 심리 치료를 위한 약국으로 탈바꿈시키고, 복잡하고 슬프면서도 불안한 순간들에 알맞은 음식을 능숙하게 조제하도록 안내할 것이다.

'삶이 너무 벅차게 느껴져'

어려운 마감이 다가온다. 그 와중에 미납
공과금의 두 번째 독촉장이 신경을 자극하고,
핸드폰은 보이지도 않는다. 별일 없던
삶이 금방 뒤죽박죽되어 버릴 것만 같은
불길한 예감이 엄습한다. 그럴 때는 위안이
필요하다. 식사 자체는 문제를 직접 해결하지
못한다. 파스타 레시피가 공과금을 대신
납부하거나 핸드폰을 찾아주지 않으며, 늦은
밤까지 대신 앉아 보고서를 작성하지도
않는다. 하지만 우리를 고통스럽게 만드는
것은 문제 자체만이 아니다. 소진되고
약해졌다는 끔찍한 기분이 우리를
주저앉힌다.

그곳이 바로 음식이 도움을 주는 지점이다.
적절한 음식은 두려움을 덜어준다. 떨어진
기운을 북돋고, 당장은 힘이 들더라도 행복한
일상을 유지할 수 있다고 일깨운다. 오븐
구이 오레키에테 파스타는 그럴듯한 직함,
잘 차려입은 정장, 신용카드와 성인의 여러
특권에도 불구하고, 여전히 말썽을 부리는
아이로 남아 있는 우리의 어떤 모습을
수용하고 진정시키는 유치원과 같은 능력을
지녔다.

오븐 구이 오레키에테 파스타

재료

올리브유 2큰술
큰 양파 ½개 → 곱게 다지기
마늘 2쪽 → 곱게 다지기
회향씨 1작은술
다진 토마토 통조림 400g
바질 잎 1줌(고명 별도)
오레키에테 450g
리코타치즈 250g
파르메산치즈 가루 3큰술
소금과 후추

준비 및 조리: 1시간 20분

분량: 4인분

1 오븐을 180°C로 예열한다. 냄비에 올리브유를 두르고 중불에 올려 뜨겁게 달군다. 양파, 마늘, 회향씨, 소금 1자밤을 넣고 양파 숨이 죽을 때까지 5~6분간 볶는다.

2 앞의 냄비에 토마토와 바질 잎을 넣고 불을 줄인다. 가끔씩 저으면서 10분간 더 보글보글 끓인다. 냄비를 불에서 내리고 소금과 후추로 넉넉하게 간한다. 푸드프로세서에 옮겨 담고 매끈하게 갈아 토마토소스로 만든다.

3 큰 냄비에 물을 받아 소금을 넣고 끓인다. 오레키에테를 넣어 심이 씹힐 정도(알 덴테)로 10~12분간 삶는다.

4 면수는 따라 버리고, 삶은 오레키에테를 토마토소스에 넣고 골고루 버무린다. 입맛에 따라 소금과 후추로 간한다.

5 파스타를 오븐 사용이 가능한 그릇에 옮겨 담는다. 파스타 윗면을 리코타치즈와 파르메산치즈로 덮는다.

6 그릇을 오븐에 넣고 25~35분간 굽는다. 파스타 윗면이 노릇해지면 오븐에서 그릇을 꺼내 잠깐 식히고, 바질 잎을 얹으면 완성.

믹싱볼에 손을 넣고 반죽하는
5분이면 혼란스러웠던 하루는
점차 희미해진다.

'잠깐의 여유가 필요해'

하루 종일 이리저리 바쁘게 뛰어다니면서
집에서 여유롭게 빵을 만들겠다는 생각은
터무니없어 보인다. 재료를 반죽하고, 반죽이
부풀어 오르는 시간을 충분히 기다릴 만큼
집에 머무르는 사람이나 빵을 만들 수 있을
테니까 말이다.

하지만 잠깐. 효모를 쓰지 않아 한 시간이면
만들어 낼 수 있는 빵이라면 어떨까? 게다가
당장 먹어도 좋을 만큼 맛과 냄새가 기가
막히고, 절대 실패하지도 않을 빵이라면
말이다. 믹싱볼에 손을 넣고 반죽하는 5분,
그 시간이면 혼란스러웠던 하루는 언덕 뒤로
지는 노을처럼 시야에서 사라지고, 두 발만
남아 단단히 땅을 딛고 서 있을 것이다.

통밀 소다빵

재료

통밀 가루 500g
소금 1작은술
베이킹소다 1작은술
버터 30g
우유 400ml
레몬 1개 → 착즙하기
꿀 2작은술

준비 및 조리: 45분
분량: 큰 빵 1개

1 오븐을 200°C로 예열한다. 그릇에 통밀 가루, 소금, 베이킹소다를 넣어 섞는다. 버터를 넣고 손가락으로 버터를 문질러 다른 재료와 섞는다.

2 계량컵에 우유와 레몬즙을 넣고 1분간 둔다. 계량컵에 꿀을 더하고 1번 혼합물에 붓는다. 나이프로 재료를 섞어 찐득찐득한 반죽을 만든다.

3 밀가루를 두른 작업대에 반죽을 올리고, 지름 20cm 크기로 둥글게 빚는다.

4 잘 빚은 반죽을 베이킹트레이에 올리고, 반죽 표면에 십자 모양 칼집을 깊게 낸다. 베이킹트레이를 오븐에 넣고 35~40분간 굽는다.

5 빵 바닥면을 두드렸을 때 텅 빈 소리가 나면 오븐에서 베이킹트레이를 꺼낸다. 식힘망에 올려 식히면 완성. 따뜻할 때 버터, 치즈, 처트니 등과 함께 낸다.

'문제를 어떻게 해결할지 모르겠어'

보통은 맞닥뜨린 문제를 깊이 생각하는 것이 우리가 할 수 있는 최선이다. 그런데 때로는 그조차 중간에 막힐 때가 있다. 그럼 계속 되새기면서 마음에 담아 두게 되고, 결국에는 기분이 처지고 불안해진다. 계속해서 같은 두려움에 시달리게 되는 것이다. 그럴 때는 마음이 상황을 정리하는 동안 몰두할 만한 다른 일을 찾아야 한다.

일본의 승려들은 사찰 정원에 자갈로 아름다운 문양을 그리는 독특한 수련법을 개발했다. 그들은 작업의 물리적 특성에 몰두하면 정신적 동요에서 벗어나 안도감을 느낄 수 있다는 사실을 일찍이 깨우쳤다. 한편 프랑스의 철학자 자크 데리다는 격동하는 생각을 정리하려고 오후 시간 대부분을 당구의 일종인 스누커를 치면서 보냈다. 일본의 승려나 데리다는 일상의 다른 일에 몰두하다 보면, 어렵고 복잡했던 생각이 서서히 그리고 저절로 정리된다는 사실을 발견한 것이었다.

느리게 명상하듯 리소토를 끓이고 있으면 그와 비슷한 안도감이 느껴진다. 주의가 필요하지만 그렇다고 엄청나게 집중할 필요는 없는 과정을 반복하다 보면, 더 이상 머릿속에서 전전긍긍하거나 불안하지 않은 채 좀 더 깊고 천천히 생각할 수 있게 된다. 쌀알에서 크림처럼 매끄럽고 부드러운 전분을 뽑아내면서, 우리는 최선의 아이디어가 방에서 빈 종이를 마주하고 골똘히 앉아 있어야만 나온다는 고정 관념에서 벗어난다. 리소토에 육수 한 국자를 더 넣다가 더 나은 아이디어가 떠오르기도 하는 법이다. 어쩌면 메모장을 부엌에 비치하는 게 좋을지도 모르겠다.

기본 리소토

재료

올리브유 2큰술
샬롯 2개 → 곱게 썰기
마늘 2쪽 → 다지기
쌀 250g
화이트와인 175ml
채수 1500ml
생크림 100ml
파르메산치즈 40g → 강판에 갈기(고명은 별도)
레몬 ½개 → 착즙하고 겉껍질 강판에 갈기
이탈리안 파슬리 1줌 → 곱게 다지기
소금과 후추

준비 및 조리: 1시간 10분
분량: 4인분

1 큰 냄비에 올리브유를 두르고 중불에 올려 달군다. 샬롯, 마늘, 소금 1자밤을 더해 숨이 죽을 때까지 5분간 볶는다.

2 앞의 냄비에 쌀을 넣고 종종 저으며 2~3분간 볶는다. 쌀알이 반투명해지면 와인을 넣는다. 와인이 부글부글 끓으면 불을 줄여 2분간 더 보글보글 끓인다.

3 채수를 한 국자씩 더하면서 쌀알이 채수를 전부 빨아들일 때까지 보글보글 끓인다.

4 쌀알이 채수를 전부 빨아들이고, 크림처럼 부드럽고 매끄러워질 때까지 30분간 더 끓인다. 이때 모든 채수를 다 사용할 필요는 없다.

5 쌀알이 다 익으면 생크림을 더해 보글보글 끓인다. 파르메산치즈와 레몬 겉껍질을 넣고 포개듯 섞는다. 입맛에 따라 소금과 후추, 레몬즙으로 간한다.

6 알맞은 접시에 리소토를 나눠 담고, 다진 파슬리와 파르메산치즈를 얹으면 완성.

문득 우리 자신을 견딜 수 없을 때가 찾아온다. 자신의 허점이나 어리석음, 허영에 대해 너무 잘 알고 있기 때문이다. 그래서 바보, 멍청이 같은 말로 누구보다 자신에게 가장 모질게 굴기도 한다. 물론 우리는 분명 완벽과는 거리가 있다. 그럼에도 더 나은 노력을 이끌어내고 앞으로 나아가려면 자신에게 더 공정하고 친절해야 한다. 자신을 의식적으로 모욕한다고 안 될 일이 기적적으로 되지는 않는다.

우리에게는 상냥한 친척의 목소리로 자신에게 말하는 연습이 필요하다. 이를테면 우리를 양육해야 한다는 실질적인 부담에서 자유롭고, 죽음 가까이에서 겸손의 가치를 소중히 여기는 조부모처럼 말이다. 그들은 우리를 순수하게 사랑하며, 무엇보다 우리가 우리의 방식으로 행복하기를 바란다. 이런 태도와 목소리를 더 규칙적으로 불러낼 필요가 있다. 이때 음식은 감각을 통해 먼 옛날의 상냥한 기억을 떠올리는 매우 효과적인 수단이다.

친절한 마음의 소리를 떠올리게 만드는 음식은 사람마다 다르다. 누군가는 스파게티 볼로네제나 크림처럼 부드러운 피시 파이를 먹으면서 상냥한 목소리를 듣는다. 음식들은 친절하게 속삭인다. "너는 할 수 있어, 이게 끝이 아닐 거야, 자고 일어나면 상황은 훨씬 나아 보일 거야."

피시 파이

재료

감자 500g
버터 75g
리크 1대 → 슬라이스
황색 피망 1개 → 잘게 다지기
밀가루 2큰술
우유 400ml
크렘 프레슈 100g
생선 필렛(연어, 대구 등) 500g
→ 가시 발라내고 한입 크기로 깍둑썰기
새우 250g
다진 생파슬리 2큰술
다진 생딜 2큰술
레몬즙 2큰술
체다치즈 가루 50g
따뜻한 우유 100ml
넛멕
소금과 후추

준비 및 조리: 1시간 45분
분량: 4인분

1 냄비에 물을 받아 소금을 넣고 불에 올린다. 감자를 넣어 25~30분간 삶는다.

2 오븐을 200°C로 예열한다. 캐서롤이나 파이 접시에 버터를 조금 바른다.

3 다른 냄비에 버터 30g을 넣고 불에 올린다. 리크, 피망을 넣어 2~3분간 숨이 죽도록 볶는다(노릇하게 색이 나도록 볶지는 않는다). 밀가루와 우유를 넣어 섞는다. 소금과 후추로 간하고 크렘 프레슈를 넣어 섞는다. 냄비를 불에서 내리고 소금과 후추로 다시 간해 소스를 만든다.

4 앞의 접시에 생선, 새우, 파슬리, 딜을 담는다. 레몬즙을 뿌리고 만든 소스를 끼얹는다.

5 삶은 감자는 수증기를 날려 보내고 곱게 으깬다. 남은 버터와 체다치즈, 따뜻한 우유를 더해 잘 섞는다. 소금과 넛멕으로 간하고 생선 위에 골고루 펴 바른다.

6 접시를 오븐에 넣고 35분간 굽는다. 생선 표면이 노릇해지면 완성.

'과거가 온통 달콤씁쓸한 기억투성이야'

과거는 쉽게 말해 '달콤씁쓸한' 기억으로 이루어져 있다. 유쾌하면서 동시에 고통스럽다. 우리는 어린 시절 할머니와 보낸 오후를 추억하곤 한다. 추억 속 우리는 작은 정원에서 잡초를 뽑고 점심을 먹고 카드놀이를 한다. 때로 할머니는 당신의 어린 시절을 촬영한 오래된 사진을 보여준다. 그런데 사실 이렇게 추억하는 과거는 이후에 일어난 일들에 대한 정보가 섞여서 만들어진 기억인 경우가 많다. 사실 우리는 사춘기 동안 할머니를 밀쳐 내고 거의 찾아뵙지도 않았으며, 우리가 성인이 되어 철이 들기 전에 할머니는 이미 세상을 떠났다. 할머니는 지금 우리가 그녀를 향해 느끼는 사랑을 온전히 받아 보지 못한 것이다. 생각이 여기까지 미치면 마음 한편이 저려 온다.

첫사랑에 빠졌던 열다섯 살의 기억도 달콤씁쓸하기는 마찬가지다. 그것은 고작 6개월 먼저 태어났을 뿐이지만 당시에는 훨씬 큰 차이로 느껴졌던 상대를 향한 애정이었다. 그를 연모했고 또 우러러 보았지만 수줍어서 아무 말도 걸지 못했다. 해 질 녘 강가에서 마주한 묘한 순간도 결국엔 그냥 지나갔다. 최근 과거의 짝사랑이 아이를 낳아 북쪽으로 이사 갔다는 소식을 들었다. 그때처럼 다른 누구에게 대책 없는 희망과 믿음을 품을 수 있을까? 세상에서 가장 좋은 사람이었을지도 모를 상대를 손가락 사이로 모래가 빠져나가듯 떠나보내는 일은 슬프게도 늘상 벌어지는 일인 것 같다.

달콤씁쓸한 기억은 삶이란 좋았던 일과 그보다 더 힘든 일이 얽혀 있는 것이라고 말해준다. 달콤씁쓸한 기억 안에서 우리는 잘못된 판단을 내리고, 실수로 시간을 허비하고, 후회하는 아픔을 느낀다.

세상만사가 좀 더 명료했더라면 삶은 훨씬 더 쉬웠을 것이다. 흰색은 취하고 검은색은 버리면 되니까. 반면 희망과 후회가 교묘하게 섞인 회색은 다루기 어렵다. 우리는 어떤 이가 순수하고, 다른 이는 끔찍하다고 재단하지 못해 안달이다. 삶도 똑같이 흑과 백으로 재단하려 든다. 하지만 달콤씁쓸한 기억이 전하는 교훈을 이해한다면, 삶의 양면성을 받아들이게 된다. 대조되고 반대되는 두 가지 감정을 부정하지 않고 모두 수용하는 것이다. 둘 다 중요하기에 어느 하나도 부정할 수 없다. 우리는 정말 골치 아프도록 뒤죽박죽인 경험을 부정하기보다는 인정해야 한다.

달콤씁쓸한 기억을 일깨우는 요리들이 있다. 앞으로 소개할 요리들을 만듦으로써 이 혼란스럽게 뒤섞인 감정이 중요하다는 걸 상기하게 될 것이다.

달콤쌉싸름한 초콜릿 토르테

재료

무염 버터 200g
다크초콜릿(카카오 함량 70% 이상) 200g
→ 다지기
달걀 4개
백설탕 200g
에스프레소 또는 진한 커피 30ml → 식히기
중력분 50g
아몬드 가루 50g
소금 ¼작은술
코코아 가루(고명용, 선택 사항)

준비 및 조리: 1시간
분량: 토르테 1개(8~10조각)

---

1 오븐을 180°C로 예열한다.

2 지름 23cm 스프링폼 케이크팬에 버터를 바르고 유산지를 두른다.

3 냄비에 버터와 초콜릿을 넣고 중불에 올려 종종 저으면서 끓인다. 내용물이 부드럽게 녹으면 냄비를 불에서 내린다.

4 그릇에 달걀, 설탕, 커피를 넣는다. 내용물이 걸쭉하고 부피가 커질 때까지 5분간 휘젓는다.

5 냄비에 녹인 내용물을 큰 숟가락으로 떠서 앞의 그릇에 옮기고 포개듯이 섞는다.

6 밀가루와 아몬드 가루, 소금을 넣어 섞는다. 모든 재료가 완전히 섞이면, 유산지를 두른 케이크팬에 담아 오븐에서 35~45분간 굽는다. 오븐에서 꺼내 미지근해지도록 그대로 식힌 뒤 케이크팬에서 빼내면 완성. 코코아 가루를 솔솔 뿌리면 쓴맛이 한층 강조된다.

현대 사회는 성공을 최고의 가치로 여기고, 야망을 품고 새로운 일에 뛰어들기를 요구한다. 이런 분위기에서 침울하거나 처지고, 이불 속에 숨고 싶은 마음이 들면 수치심이 들기 마련이다. 그럼에도 우리는 초겨울 떨어지는 마지막 잎새에 감정을 이입하고, 텅 빈 회색 바다의 풍광을 음미하며, 한탄과 후회가 깃든 노래에 푹 빠지고 싶어 한다. 우울을 약이라도 먹어야 하는 병처럼 여기기 쉽지만, 사실은 인간이 느끼는 보편적인 감정인 것이다.

우울은 치료가 필요한 병이 아니다. 인간의 감정은 항상 밝고 긍정적이지만은 않다. 우리네 짧은 삶은 온갖 고난으로 가득하다. 사랑으로 발전할 것만 같았던 관계는 필연적인 갈등과 상호 간의 실망으로 전락한다. 대개 삶의 중심에는 외로움의 영역이 존재한다. 게다가 사회는 우리가 지닌 잠재력을 북돋거나 보상하지도 않는다. 우리가 사랑하는 이들은 차례로 세상을 떠나며, 시간 역시 우리 편이 아니다. 우리는 이미 지나온 시간만큼 허비했다. 따라서 우울은 인간에게 주어진 조건에 대한 정당하고 섬세하며 지적인 반응인 셈이다.

감정 기복을 억누르거나 회피하기보다는 제대로 마주하도록 애쓰는 게 바람직하다. 여기서는 감정 기복을 진지하게 여기는 요리를 소개한다. 이상적인 친구처럼 섣부른 응원 대신 슬픔을 이해하고 공유하는 방법을 아는 요리이다.

뭉근하게 끓인 소고기 쌀국수

육수

소꼬리 1kg
소정강이 750g
양파 1개 → 반으로 가르기
물 4000ml
생강 200g
팔각 6개
정향 4개
계피 1개
회향씨 ½작은술
월계수 잎 2장
액젓 60ml
소금

고명

안심 스테이크 450g
쌀국수 450g
쪽파 4대 → 얇게 슬라이스
양파 1개 → 얇게 슬라이스
숙주나물 100g
고수 1단 → 이파리만 분리하기
바질 1단
민트 1단
라임 2개 → 반달썰기
스리라차 소스

준비 및 조리: 6~7시간
분량: 4~6인분

육수 만들기

1 오븐을 220℃로 예열한다.

2 큰 통구이팬에 소꼬리와 소정강이, 양파를 가지런히 담아 오븐에 넣는다. 양파가 충분히 그을고 소꼬리와 소정강이가 노릇해지도록 1시간가량 굽는다.

3 오븐에서 통구이팬을 꺼내고 내용물을 육수 냄비에 담는다.

4 육수 냄비에 물과 생강을 더하고 중불에 올려 끓인다. 육수가 끓는 동안 팔각, 정향, 계피, 회향씨와 월계수 잎을 다시백에 담거나 면포에 싸서 실로 묶는다.

5 육수가 끓기 시작하면 준비한 향신료와 액젓, 소금을 넣는다. 불을 줄여 보글보글 끓이면서 표면으로 올라오는 회색 거품을 걷어낸다. 5시간 혹은 그 이상 푹 끓인다.

6 향신료와 양파, 생강, 소꼬리와 소정강이를 건져 낸다. 향신료, 양파, 생강은 버리고 소꼬리와 소정강이는 맨손으로 다룰 수 있을 때까지 식힌다.

7 소꼬리와 소정강이가 충분히 식으면 살을 발라낸다. 맑은 국물을 선호한다면 면포에 국물을 한 번 거른다.

8 국물을 다시 보글보글 끓이면서 입맛에 따라 소금으로 간한다.

고명 준비하기

9 안심 스테이크는 단단해지도록 냉동고에 10분 이상 둔다.

10 큰 냄비에 물을 끓여 쌀국수가 부드러워지도록 3분간 삶는다. 삶은 쌀국수는 흐르는 찬물에 헹궈 완전히 식히고 대접에 나누어 담는다.

11 냉동고에서 안심 스테이크를 꺼내 날카로운 식칼로 얇게 저민다. 발라낸 소꼬리와 소정강이 살, 저민 안심 스테이크를 쌀국수 위에 얹고 쪽파, 양파, 숙주나물과 각종 허브를 올린다.

12 준비한 육수를 면과 고명 위에 붓고, 라임과 스리라차 소스를 곁들이면 완성.

'영원한 삶을 꿈꾸고 싶어'

누구도 영원히 살 수 없다. 안타깝게도 우리의 기대와 달리 음식과 인간 수명의 관계는 하찮을 정도로 불확실하다. 하지만 어떤 음식은 백세 인생을 기대할 만큼 건강에 좋다. 살짝 과장하자면 불멸성을 지닌 음식이다. 그런 음식을 먹으면 어떤 장애물이라도 극복할 수 있다는 믿음이 생긴다. 몸이 능수능란하게 다룰 수 있는 생체 기계인 것처럼 활기차고 인체 공학적으로 느껴진다. 맛이 좀 불쾌하거나 먹기 힘들다면 효능은 더 확실하다. 몸에 좋은 음식이 입에는 쓴 법이니까. 말하자면 입에 쓴 음식이 영원불멸의 삶을 허락하는 것이다. 이번엔 출출한 천사가 점심으로 찾을 만한 요리를 소개한다.

완두콩 통보리 샐러드

재료

통보리 200g
물 600ml
완두콩 250g
레몬즙 3큰술
디종 머스터드 1½작은술
백설탕 ¼작은술
타라곤 1줌 → 곱게 다지기
엑스트라버진 올리브유 75ml
오이 ½개 → 깍둑썰기
페타치즈 80g(선택 사항)
소금과 후추

준비 및 조리: 1시간 10분
분량: 4인분

1 커다란 냄비에 통보리, 물, 소금 1작은술을 넣고 불에 올린다.

2 물이 끓기 시작하면 냄비 뚜껑을 덮고 약불에서 45~50분간 삶는다.

3 보리가 부드럽게 삶아지면 물을 버리고 10분간 식힌다.

4 보리가 식는 사이 완두콩을 찜기에 담는다. 찜기 뚜껑을 덮고 끓는 물이 반쯤 채워진 냄비 위에 올려 3~4분간 찐다. 완두콩이 부드러워지면 찜기를 불에서 내린다.

5 큰 믹싱볼에 레몬즙, 디종 머스터드, 설탕, 소금 1자밤, 원하는 만큼의 후추를 넣고 설탕과 소금이 녹을 때까지 휘젓는다. 타라곤을 넣고 올리브유를 서서히 흘리면서 휘저어 드레싱을 만든다.

6 드레싱에 보리, 완두콩, 오이를 넣어 잘 버무린다. 소금과 후추로 간한다.

7 그릇에 나눠 담고, 부스러트린 페타치즈(선택 사항)를 올리면 완성.

‘내일은 분명 힘든 날이 될 거야’

맞다, 분명 그럴 것이다. 생각만 해도 가슴이 철렁 내려앉는다. 처리해야 할 일들이 머릿속을 가득 채운다. 즐겁지 않은 미팅이든 골치 아픈 연말 정산이든, 그것도 아니면 재결합을 원하는 헤어진 연인과의 대립이든, 덮어 두고 미뤄 온 많은 일들을 이제는 정말 직면해야 한다.

음식은 어떤 일도 직접 해결하지 못하지만, 마음을 가다듬는 데는 도움을 줄 수 있다. 음식을 통해 문제를 바라보는 관점을 재정비하는 것이다. 내일은 힘든 날이 될 테지만 수많은 날들 가운데 하루일 뿐이다. 우리는 삶의 고통을 직면해야 하지만 삶에 고통만 있는 것은 아니며, 분명히 힘들겠지만 그것은 상대적일 뿐이다. 우리에게는 괜찮은 것들이 아직 많이 남아 있다.

우리는 작으면서도 광활하고,
복잡하고도 단순하며,
매우 괴상하면서도 독특하지만,
그렇다고 주변 사람들과 크게
다르지 않다. 내일은 결국 올
것이고, 우리는 이번에도 능히
대처할 것이다.

레몬 생강 차

재료

레몬 1개 → 슬라이스

생강 2큰술 → 껍질 벗기고 얇게 슬라이스

꿀(곁들이용)

물 1000ml

준비 및 조리: 10분

분량: 4잔

1 냄비에 레몬과 생강, 물을 넣는다.

2 강불에서 팔팔 끓인다.

3 냄비를 불에서 내리고 5분간 우린다.

4 레몬과 생강을 체로 건진다. 찻물을 컵에 담아 꿀로 단맛을 더하면 완성.

주전자를 데우고 좋은 잔을 고르며, 꼭
필요하지도 않은 티스푼을 사용한다.
티스푼으로 잔을 저으면 나는 소리에 귀를
기울이고, 동시에 넘실거리고 소용돌이치는
찻잔 속의 작은 드라마를 지켜본다.

장 바티스트 시메옹 샤르댕, <차 마시는 여인>, 1735

샤르댕의 1735년작에 등장하는 여인처럼
우리는 차를 마실 때 집중한다. 잔과 티스푼,
뜨거운 액체에서 올라오는 김에 몰두하면
우리의 관심은 차의 풍미에 흡수되고, 그와
동시에 시야는 넓어진다.

인간은 세월과 감정의 집약체다. 광활한
우주에서 인간은 작고 의미 없는 입자에
불과하다. 그럼에도 우리는 아무런 의미 없는
것에 집착하는 경향이 있다. 앞으로 오 년
또는 십 년 뒤도 전혀 예측하지도 못하면서
말이다. 우리의 성공이나 실패에 관심을
갖는 사람은 전 세계를 둘러봐도 몇 되지
않는다. 어쩌면 자신에 대해 생각하거나
절대 벌어지지 않을 일을 떠올릴 수 있는
우리야말로 우리가 상상할 수 있는 가장
이상한 존재 아닐까? 우리는 작으면서도
광활하고, 복잡하고도 단순하며, 매우
괴상하면서도 독특하지만, 그렇다고 주변
사람들과 크게 다르지 않다. 내일은 결국
올 것이고, 우리는 이번에도 능히 대처할
것이다.

청어 초절임 스뫼레브뢰
(덴마크식 오픈 샌드위치)

재료

아스파라거스 4대 → 밑동 잘라내기
호밀빵 4쪽
버터 30g → 상온에 두어 부드럽게 만들기
청어 초절임 200g
크렘 프레슈 4큰술
호박씨 또는 해바라기씨 1큰술
허브(처빌, 타라곤 등) 1줌(선택 사항)
소금과 후추

준비 및 조리: 10분
분량: 4인분

1 냄비에 물을 받아 소금을 넣고 끓인다. 아스파라거스는 줄기에 칼끝이 들어갈 정도로 2~3분간 삶는다. 삶은 아스파라거스 줄기는 얼음물에 담가 식힌다.

2 키친타월로 아스파라거스 물기를 제거하고 야채 필러로 껍질을 벗긴다.

3 호밀빵에 버터를 바르고 청어 초절임과 손질한 아스파라거스를 올린다.

4 크렘 프레슈 한 숟가락을 떠서 얹고 씨앗과 허브를 흩뿌린다. 소금과 후추 약간으로 간하면 완성.

Tip!
북유럽식 샌드위치 스뫼레브뢰는 찬장이나 냉장고의 재료를 활용해 쉽고 빠르게 한 끼를 해결할 수 있는 메뉴다. 정어리 같은 통조림으로도 만들 수 있다.

채식 스뫼레브뢰

재료

호밀빵 4쪽

버터 30g → 상온에 두어 부드럽게 만들기

크림치즈 4큰술

래디시 8개 → 얇게 슬라이스

경질 치즈(그뤼에르, 콩테 등) 2큰술
→ 강판에 갈기

곱게 간 레몬 겉껍질 2작은술

딜 1줌 → 손으로 찢기

소금과 후추

준비 및 조리: 10분

분량: 4인분

1 토스터나 뜨거운 그릴에 호밀빵을 굽는다.

2 구운 호밀빵을 잠깐 식히고 버터와 크림치즈를 차례로 바른다. 그 위에 래디시, 치즈, 레몬 겉껍질과 딜을 올린다.

3 소금, 후추로 간하면 완성.

때때로 포옹은 그저 형식적인 사회 관습일 수 있다. 누군가는 너무 열성적이고 다른 누군가는 반기지 않지만, 기껏해야 무언의 애정 표현일 따름이다. 언젠가 당신이 겪은 힘든 하루를 떠올려 보자. 뉴스는 암담하고 세상은 통제 불능처럼 보인다. 자신이 그저 연약하고 불확실하게만 느껴진다. 무언가가 육체뿐만 아니라 머릿속 고민과 두려움까지 움켜쥐고 있는 기분이 든다.

포옹은 우리가 직면한 문제를 해결하지는 못하지만 어려운 상황에서 최선을 다해 나를 이해하려는 동반자가 누구인지는 알려준다. 신체 접촉은 말로는 제대로 해낼 수 없는 방식으로 우리를 위로한다. 우리는 어린 시절 나를 사랑하는 어른의 팔에 안겼을 때의 감정을 다시금 느낀다. 간단하게 말하자면, 동정과 공감의 우주적 몸짓에 참여하는 셈이다.

1500년경에 산드로 보티첼리가 그린 <신비한 예수의 탄생(The Mystical Nativity)> 하단에는 인간을 안아주는 천사가 등장한다. 유한한 존재가 느낄 슬픔을 위로하는 포옹이다. 기약 없이 천사를 기다릴 수 없고, 언제나 안아줄 사람이 있지도 않은 우리들은 그런 순간에 먹을 수 있는 음식을 준비해 두는 게 최선이다.

산드로 보티첼리, <신비한 예수의 탄생>의 일부, 1500~1501년경

락사의 짭짤한 새우와 크림처럼 부드러운 코코넛의 풍미는 위로의 포옹을 떠올리게 하고, 고추의 매운맛은 속을 따뜻하게 데운다. 물리적이고 신체적인 관대함은 풍부하고 향긋한 맛에 자리한다. 어쩌면 그것이야말로 우리에게 줄 수 있는 모든 것을 제공하는 가장 친절한 존재라고 할 수 있겠다.

락사

양념장

땅콩기름 1큰술
마늘 6쪽 → 다지기
홍고추 3개 → 씨 발라내고 곱게 다지기
붉은 커리 양념장 2큰술
다진 생강 3큰술
스리라차 등 매운 소스
진간장 1큰술
흑설탕 1큰술
라임 1개 → 착즙하기

쌀국수

땅콩기름 2큰술
레몬그라스 1대 → 칼등으로 두들기기
닭 육수 1000ml
코코넛밀크 600ml
가는 달걀면 300g
대하 600g → 껍데기와 내장 제거하기
액젓 2큰술(조미용은 별도)
양조식초 2큰술(조미용은 별도)
소금과 후추

고명

쪽파 2대 → 잘게 송송 썰기
홍고추 1개 → 씨 발라내고 곱게 다지기
고수 1다발 → 이파리만 손으로 뜯기
라임 1개 → 반달썰기

준비 및 조리: 45분
분량: 4인분

양념장 만들기

1 모든 재료를 그릇에 담아 휘저어 섞는다. 기성품 락사 양념장을 사용해도 좋다.

쌀국수 만들기

2 큰 캐서롤 접시에 땅콩기름을 두르고 중불에 올려 뜨겁게 달군다. 레몬그라스를 넣어 향이 피어오르도록 2분간 볶는다.

3 앞에서 만든 양념장을 넣고 색이 살짝 진해지도록 2~3분간 볶는다. 닭 육수와 코코넛밀크를 넣어 부글부글 끓인다.

4 육수가 끓어오르기 시작하면 약불로 줄이고 가끔 휘저으며 15분간 더 끓인다.

5 육수에 달걀면을 넣고 가끔 휘저으며 5분간 끓인다. 대하를 넣어 국물에 잠기도록 살짝 누른다. 뚜껑을 덮고 대하가 분홍빛으로 익을 때까지 4~6분간 더 끓인다.

6 액젓과 양조식초를 넣고, 입맛에 따라 소금과 후추로 간한다.

7 락사를 그릇에 담고 쪽파, 홍고추, 고수를 얹는다. 라임을 곁들여 내면 완성.

어쩔 수 없이 도시에 사는 이들은 시골에서의 삶을 동경하기 마련이다. 그들이 꿈꾸는 시골의 삶이란 이런 것이다. 들판을 한참 걷는 긴 산책 후, 이른 저녁 집으로 귀가한다. 진흙이 잔뜩 묻은 장화를 문가에 벗어 놓고 두툼한 울 양말로 갈아 신고는, 부엌에서 빈둥거리다가 장작불을 지피고, 두꺼운 커튼을 치기 전에 창밖 과일나무나 채소밭 위로 어둠이 내려앉은 풍경을 바라보며 하루를 마무리한다.

행복한 삶일 수 있지만 가족, 일, 즐거운 밤 나들이나 중심에 있고 싶은 욕망이 우리를 도시에 잡아 둔다. 개울이 내려다보이는 작은 마을 끝에 자리한 집에 살 수 없으리라 생각하면 조금 슬퍼진다. 물론 시골에서 살면 몇 주 못 버티고 지겨워할 거라는 걸 마음 깊은 곳에서는 알면서도 말이다.

하지만 우리는 제대로 이룰 수 없는 여러 소망과 더불어 현실에서 소외감을 느끼는 자신의 일부를 음식으로 위로할 수 있다.

시골에서 사는 이들이라고 매일 파이나 스튜만 먹지는 않는다. 그들 역시 도시와 복잡 미묘한 삶의 분위기를 품은 음식에 끌릴지도 모를 일이다. 그럼에도 도시에서 떨어져 사는 삶을 꿈꾸노라면 내면이 풍성해지는 걸 느낀다. 각종 뿌리채소와 통보리를 넣어 만든 스튜 한 그릇이 그러하듯이.

뿌리채소와 알보리 스튜

재료

올리브유 2큰술
양파 2개 → 다지기
리크 2개 → 굵게 슬라이스
루타바가(스웨덴 순무) ½개
→ 껍질 벗겨 굵게 썰기
파스닙 2개 → 껍질 벗겨 굵게 썰기
당근 1개 → 껍질 벗겨 굵게 썰기
알보리 200g
달지 않은 화이트와인 175ml
채수 1000ml
월계수 잎 2장
타임 4대
로즈마리 2대
버터 30g
이탈리안 파슬리 1줌 → 다지기
소금과 후추

준비 및 조리: 1시간 15분
분량: 4인분

---

1 캐서롤 접시에 올리브유를 두르고 중불에 올려 뜨겁게 달군다.

2 양파와 리크, 소금 넉넉하게 1자밤을 넣고 숨이 죽을 때까지 10분간 볶는다.

3 루타바가, 파스닙, 당근을 넣고 5분간 더 볶는다.

4 알보리와 와인을 넣고 끓인다. 와인이 절반 분량으로 졸아들면 채수를 더한다. 월계수 잎, 타임, 로즈마리를 넣는다.

5 뚜껑을 덮고 45분간 끓인다. 보리가 육수를 빨아들이고 채소가 부드러워지도록 가끔씩 젓는다.

6 충분히 끓인 뒤 버터를 넣어 섞는다. 입맛에 따라 소금과 후추로 간한다. 허브들은 건져서 버린다. 스튜를 그릇에 나눠 담고 다진 파슬리를 얹으면 완성.

역설처럼 들리겠지만, 기분이 나아지는 가장 효과적인 방법은 타인을 위해 의미 있는 일을 하는 것이다. 타인의 삶을 개선하는 만큼 자신의 삶도 조금씩 나아진다. 자기 얼굴보다 친구 얼굴에 미소를 띠게 만드는 일이 더 쉽기도 하다. 각종 문제와 고난이 뒤엉킨 지점에 선 지금, 자기만족을 높이는 대신에 타인에게 의지하는 편이 현명하겠다.

단지 감사 인사를 받지 못해서 그렇지, 우리는 이미 다른 사람에게 도움을 주고 있을 것이다. 예를 들어 우리가 사춘기 자녀를 둔 부모라면, 십 년은 지나서야 감사하다는 말을 들을 수 있다. 짜증 내는 소리와 욕이나 안 들으면 다행이다. 그들을 도운 건 엄연한 사실이지만, 단지 그런 느낌이 들지 않을 뿐이다. 직장에서도 마찬가지이다. 우리는 사업이 잘 돌아가도록 많은 일을 하지만, 특히 규모가 큰 조직에서는 우리의 노력을 인정과 감사로 보답받는 경우는 극히 드물다.

바로 여기서 음식의 선물이 등장한다. 다른 이들을 위해 음식을 만들어 대접할 때 우리는 미소를 보고 칭찬과 감사의 말을 듣게 된다. 다른 이들에게 무언가를 제공했다는 기분을 느끼게 되는 것이다. 집에서 만든 잼을 선물한다고 그들의 본질이 바뀌지는 않을 것이다. 전면적인 정치 변화나 시급한 지정학적 문제에 대한 해결책에서처럼, '변화 만들기'라는 말은 언제나 매력적이지만, 그것들은 분명 개인의 역량 밖의 일이다.

대신 우리는 주변 사람들을 변화시킬 능력을 갖고 있다. 겉보기에 소소하게 보일지라도 그 의미는 결코 작지 않다. 외로움이나 불안, 자기 의심 등 우리가 살면서 겪는 문제는 대부분 무척이나 개인적이다. 우리가 직접 만든 작고 진심 어린 선물을 건네는 행위는 부지불식간에 인류의 가장 침통한 우선 과제를 겨냥하고 있다.

구스베리잼

재료

구스베리 900g → 줄기와 끝 잘라내기
물 75ml
백설탕 450g
버터 약간(선택 사항)

준비 및 조리: 1시간 10분
분량: 잼 2병(각 450g)

1 크고 우묵한 냄비에 구스베리와 물을 넣고 강불에 올린다. 구스베리가 잘 부서지지 않으면 나무 주걱으로 으깨면서 끓인다.

2 끓기 시작하면 설탕을 넣고 저으면서 녹인다. 버터를 사용한다면 지금 넣는다.

3 다시 끓기 시작하면 중불로 줄이고, 잼이 걸쭉해지고 온도가 103~104°C가 될 때까지 20~30분간 보글보글 끓인다.

4 살균한 유리병의 뚜껑 1cm 아래까지 잼을 채워 담는다. 유리병 가장자리를 닦아내고 밀봉한다.

5 큰 냄비에 물을 펄펄 끓인다. 잼을 넣은 유리병을 담가 10분간 끓인다. 불을 끄고 그대로 5분간 두었다가 건진다. 유리병을 식혀 어둡고 서늘한 곳이나 냉장고에 두고 먹는다.

Tip!
병은 뜨거운 비눗물로 닦거나 식기세척기에서 뜨거운 물로 세척해 살균할 수 있다. 물기는 닦아내지 말고 160°C로 예열한 오븐에 15분 두어 말린다. 식힌 다음 사용한다.

'지금이 여름이라면 얼마나 좋을까?'

우리는 여러 갈래로 환경을 통제하려 애쓰지만 결코 완전히 성공하지는 못한다. 통제할 수 없는 날씨와 계절은 기분에 엄청난 영향을 미친다. 앙상한 나뭇가지나 어둠이 깔린 아침과 일몰, 축축한 회색의 오후는 슬픔을 자아낸다. 우리의 기분이 지구의 공전과 자전에 얼마나 많은 영향을 받는지 생각해 보면 신기할 정도인데, 이는 인간 역시 동물의 특성을 지녔음을 겸허히 일깨운다. 즉 인간은 어느 정도는 확 트인 공간과 따뜻한 햇살에 끌리도록 설계된 생물인 것이다. 가령 어두운 날이면 우리는 여름의 가장 아름다운 순간을 따뜻하게 떠올린다. 반짝이며 매력을 발산하는 아침이며 따뜻한 저녁, 빼곡한 나뭇잎 사이로 들어오는 오후의 햇살, 가벼운 옷차림과 시원하게 열린 창, 그리고 구름 한 점 없는 어느 날의 그늘까지.

설령 이 모든 게 사라지더라도 우리에게는 여름의 정수를 압축해 놓은 음식이 있다. 여름이라는 계절을 그대로 잔에 담아, 우울함을 날려 버리고 신선하고 상쾌한 기분을 선사하는 레모네이드가 그것이다. 레모네이드 한 잔은 그저 달콤새콤한 음료가 아니라 지난 여름날의 나 자신과 조우하게 만드는 묘약과도 같다. 미각과 후각에는 잊고 지나가 버린 지난날의 정취를 떠올리게 만드는 힘이 있다. 상큼하게 톡 쏘는 레모네이드는 선명하고 따뜻한 내년 여름에나 다시 만날 법한 자유롭고 편안한 여름의 기분을 바로 지금 눈앞에 소환시킬 것이다.

레모네이드

재료

레몬 3개

백설탕 75g

물 500ml

탄산수

레몬 슬라이스(고명용)

준비 및 조리: 30분

재우는 시간: 24시간

분량: 4인분

1. 레몬은 즙을 짜고 껍질을 따로 둔다. 팬에 레몬즙과 설탕, 물을 담는다.
2. 팬을 불에 올려 종종 저으며 끓인다.
3. 팬을 불에서 내리고 레몬 껍질을 더한다.
4. 그대로 24시간 두어 레몬 향을 우린다. 레몬 껍질을 체로 걸러낸다.
5. 유리잔에 레모네이드 진액, 얼음, 탄산수를 넣고 레몬 슬라이스를 올리면 완성.

‘정신이 번쩍 들었으면 좋겠어’

힘이 나지 않는 이유야 두 손으로 꼽기 어려울 만큼 다양하다. 지난밤에 너무 늦게 잠들었거나, 성가신 일들을 너무 오래 붙잡고 있었다거나, 또는 너무 많은 요구에 시달려서 삐걱거리거나 집중이 안 될 수도 있다. 머리로는 전부 해결할 수 있다는 걸 알지만, 도무지 정신이 번쩍 들지 않는다.

그런 상황을 대처하는 여러 해결책이 있다. 잠깐 낮잠을 잘 수도 있고, 가볍게 산책이나 샤워를 하거나, 에너지 넘치는 친구와 잠시 수다를 떠는 것도 방법이다. 하지만 시간을 좀 들여 자극적인 음식을 만들어 먹는 것 만한 묘책도 없다. 잠깐의 휴식, 의미 있는 딴짓, 정신이 번쩍 드는 자극을 한꺼번에 줄 수 있는 식사 말이다. 이런 식사 덕분에 우리는 기운을 되찾고 자신감을 회복해 해결을 기다리는 일들에 다시금 착수할 수 있다.

참치 구이 스테이크

재료

참치 스테이크 200g(약 3cm 두께)
햇감자 125g
버터 작게 1덩이
소금과 후추

소스

마늘 1쪽
생파슬리 이파리 1큰술
생바질 이파리 1큰술
케이퍼 ½큰술
오이 피클 ½큰술
안초비 ½큰술 → 물로 헹구기
디종 머스터드 1작은술
레드와인 식초 1작은술
엑스트라버진 올리브유 2큰술

준비 및 조리: 20분
분량: 1인분

1 마늘, 각종 허브, 케이퍼, 오이 피클, 안초비를 함께 곱게 다져 그릇에 담고 머스터드와 식초를 더한다. 원하는 농도가 될 때까지 올리브유를 조금씩 넣으면서 섞는다. 입맛에 따라 소금과 후추로 간해 소스를 만든다.

2 냄비에 물을 받아 소금을 넣고 끓인다. 감자를 6~8분, 혹은 부드러워질 때까지 삶는다. 감자를 건져 버터를 더해 버무린 뒤 소금과 후추로 간한다.

3 감자를 삶는 사이 참치 스테이크의 양면에 올리브유 약간을 문질러 바르고 소금과 후추로 간한다. 팬을 뜨겁게 달구고 참치 스테이크를 넣어 각 면을 2분씩 지진다.

4 접시에 참치 스테이크와 감자를 담고 소스를 넉넉히 올리면 완성. 찐 깍지 콩을 곁들여도 맛있다.

'어디론가 떠나고 싶어'

집에서 느끼는 안온감은 분명 인간의 근원적인 욕구에 부합한다. 하지만 아무리 좋은 곳이라 할지라도, 머문 장소는 우리가 누구이고 또 누구였는지를 전부 설명하지는 못한다. 우리에게는 때로 적절한 자극이 필요하고, 그건 집을 떠나야만 얻을 수 있다. 그래서 우리는 시야를 넓히고 새로운 장소에서 변화를 겪기 위해 여행을 떠난다.

우리는 친숙한 대상이 지긋지긋해져서가 아니라 낯선 장소에서 만나는 우리의 흥미롭고 색다른 면모가 궁금해서 집을 나선다. 가끔은 새롭고 낯선 장소에서 보금자리에 있을 때보다 더 편안함을 느끼는 자신이 신기하게 느껴진다. 다른 문화, 다른 삶의 방식과 삶의 우선순위에 대한 또 다른 관점은 우리의 정체성과 통하기 때문에 매력적이다. 여행에서 발견하는 이질적인 면모도 우리의 일부인 것이다. 논리적으로 생각해 보면 우리는 세계 어디에서 태어났더라도 이상할 게 없으며 전혀 다른 가치관과 흥미를 품고 성장했을 수도 있다.

음식은 우리를 낯선 장소로 잠시나마 데려다주는 대표적인 수단이다. 향신료와 단맛과 감칠맛의 조합이 낯설 수도 있지만 한편으로는 어린 시절부터 향신료를 친숙하게 접했을 삶을 상상하게 만들기도 한다.

이국적인 요리를 하면서 우리는 자아의 중요한 일부분이 언제나 다른 곳에 속해 있음을 천천히 깨닫는다.

펀자브식 비트 구이

재료

비트 2개 → 씻어서 잔뿌리 제거하기
식용유 1큰술
레몬즙 1개분
적양파 1개 → 곱게 깍둑썰기
다진 생강 1큰술
풋고추 1개 → 씨 발라내고 다지기
암추르(푸른 망고 가루) 1작은술
고수 1줌 → 다지기
소금과 후추

준비 및 조리: 1시간 10분
냉장 보관: 30분
분량: 4인분

1 오븐을 180°C로 예열한다.

2 비트에 식용유를 골고루 문질러 바르고 은박지로 싼다. 베이킹트레이에 담아 오븐에서 칼끝이 부드럽게 들어갈 때까지 1시간 굽는다.

3 오븐에서 베이킹트레이를 꺼내 그대로 식힌다

4 비트가 만질 수 있을 만큼 식으면, 껍질을 벗기고 깍둑썬다. 믹싱볼에 옮겨 담고 레몬즙, 적양파, 생강, 고추, 암추르를 더해 버무린다. 소금과 후추로 넉넉히 간한다.

5 믹싱볼에 랩을 씌워 30분간 냉장 보관한다.

6 먹기 전 냉장고에서 꺼내 고수를 솔솔 뿌리면 완성.

놀랍고도 굴욕스럽지만, 하루를 보내면서 우리가 마주하는 심각한 문제 가운데 일부는 잔인할 만큼 단순한 사실에서 시작한다. 바로 지난밤 부족했던 수면이다.

모욕처럼 들리는가. 정치와 경제 현안, 직장 문제, 관계의 어려움, 가족 등 물론 피로보다 더 중요한 사안이 있기는 하다. 하지만 우리는 이런 문제에 대범하고도 끈기 있게 대처하는 능력이 사소한 요인에 달렸다고는 생각하지 못한다. 가령 혈당 수치가 몇이며, 마지막으로 누군가에게 신뢰를 얻은 때가 언제인지, 또는 물을 얼마나 많이 마시고 또 얼마나 쉬었는지 따위의 것들 말이다.

우리는 문제가 있을 때 작은 요소를 바탕으로 분석하려 들지 않는 경향이 있다. 지금 느끼는 우울이 탈진에서 비롯되었다고 생각하면 이성적이고 어른스럽다고 여겼던 자아가 모욕받는다고 느끼기 때문이다. 그래서 수면 부족이라는 진단을 애써 피한 채 실존적 위기라고 재빨리 단정해 버린다.

하지만 모든 문제를 지나치게 적거나 과하게 현실적인 영역으로 밀어붙이지 않게끔 주의해야 한다. 크고 진지한 것(돈, 자유, 사랑)들뿐만 아니라 거의 모욕적일 정도로 자질구레한 것(건강한 식사, 포옹, 휴식)들 역시 행복해지려면 반드시 필요하다.

아기를 보살핀 적이 있는 사람이라면 잘 알 것이다. 아이들이 힘들어 보인다 싶으면 항상 피곤하거나 목마르거나 배가 고픈 상태다. 이를 염두에 둔다면 오후 7시에 소화가 잘 되는 저녁을 먹고 9시에는 잠드는 하루를 우리 자신에게 허락하는 게 모욕일 수가 없다.

닭고기 된장 쌀국수

재료

닭고기 150g → 뼈 발라내고 껍질 제거하기
물 900ml
된장 3큰술
토마토페이스트 1작은술
생강 1작은술 → 슬라이스
마늘 1쪽
쌀국수 50g
양송이 3~4개 → 얇게 슬라이스
옥수수 알갱이 2큰술
고수 1다발 → 다지기
대파 2대 → 슬라이스
홍고추 1개 → 다지기
소금과 후추

준비 및 조리: 30분
분량: 2인분

1 냄비에 손질한 닭고기를 넣고 물을 받는다. 된장, 토마토페이스트, 생강, 마늘, 소금과 후추를 넣고 강불에서 끓인다. 부글부글 끓기 시작하면 불을 줄여 닭고기가 익을 때까지 20분간 삶는다.

2 냄비에서 닭고기를 건져 한입 크기로 찢는다.

3 찢은 닭고기를 다시 쌀국수, 양송이, 옥수수 알갱이와 함께 냄비에 넣는다. 쌀국수가 익을 때까지 5분간 보글보글 끓인다.

4 닭고기와 쌀국수를 공기 그릇에 나누어 담고 대파와 홍고추를 올린다. 뜨거운 국물을 끼얹고 고수를 흩뿌리면 완성.

'불면에서 벗어날 수 없을까?'

커피를 너무 많이 마셨거나 축농증에 시달리는 등, 여러 이유로 불면증을 겪을 수 있다. 중요도에 비해 충분히 주위를 기울이지 않는 것도 이유가 된다. 바로 마음속에서 일어나는 일이다. 불면증은 흔히 낮에 진지하게 따져 보지 않았던 생각들의 복수라고 이해되곤 한다. 우리는 복잡하게 얽혀 있는 기억, 후회, 다음 날 처리해야 할 일에 대한 불안 때문에 새벽 세 시가 되어서야 마음이 엉망진창인 채로 잠에 든다. 낮에 진작 충분하게 생각하지 않은 탓에 제때 잠들지 못하고 걱정하는 것이다.

따라서 자기 전에 우리 마음을 들여다보고 정돈하면 불면증에 현명하게 대처할 수 있다. 철학자의 이름까지 들먹이지는 않겠지만, 우리에게 필요한 것은 이를테면 잠들기 전에 딱 맞는 철학적 명상이다. 다음 세 가지 질문을 스스로 묻고 답하면서 우리 각자가 마음속으로 어떤 생각을 하는지 살펴보자.

나는 지금 무엇을 걱정하는가?
나는 지금 무엇에 화를 내는가?
나는 지금 무엇에 흥분하는가?

잠들기 전의 식사는 배를 채우고 기분 좋은 식곤증을 불러일으키는 것 이상의 역할을 할 수 있다. 우리 자신을 위해 조용히 집중하면서 생각할 수 있는 시간을 제공하는 것이다. 잠들기 전에 떠오르는 생각을 적고 머릿속을 정리할 수 있는 귀중한 시간, 단 30분이면 완성할 수 있는 음식을 소개한다.

Thoughts

토마토 수프

재료

무염 버터 25g

양파 → 4등분하기

토마토 통조림 400g → 대강 으깨기

소금과 후추

준비 및 조리: 32분

분량: 넉넉한 1인분

1 작은 팬에 버터, 양파, 토마토 통조림을 담고 중불에 올린다.

2 뚜껑을 덮지 않고 30분간 끓인다.

3 양파가 부드럽게 익으면 푸드프로세서나 블렌더에 옮겨 담는다. 물을 약간 더해 크림처럼 부드럽고 매끈해질 때까지 간다. 입맛에 따라 소금과 후추로 간하면 완성.

3

친구들과 함께

With friends

친구들과 함께

사회생활을 망치는 가장 커다란 요인은 사회생활이 쉬울 거라는 착각이다. 주변 사람과 잘 지내고 우정을 돈독히 하며, 명쾌하면서도 부드럽게 말을 걸고, 타인의 이야기를 끊거나 자르지 않고 듣는 태도는 거의 배우지 않을 뿐더러 좀처럼 배워야 한다고 생각조차 하지 않는 중요한 삶의 기술이다.

요리를 하려면 일단 전문적으로 배워야 한다고 생각하기 쉽다. 하지만 음식이 주는 만족감은 기술의 정교함이 아니라 음식을 사이에 두고 나누는 대화와 우정의 깊이에 비례한다.

이상적인 세계에서는 요리와 사랑을 구분하지 않는다. 요리는 좀 더 넓은 의미에서 사랑하는 사람의 마음과 영혼을 채우는 방법을 뜻하기 때문이다.

'친구들을 초대할 땐 좋았는데 막상 준비하려니 막막해'

친구들이 찾아와 초인종을 누르기 전에 모든 걸 완벽하게 준비해야 한다는 현실적인 부담감에 휩싸인 게 아니다. 실은 더 깊은 뿌리에서부터 불안이 찾아온다. 친구들의 기대를 충족시키지 못하리라는 걱정에 자신감을 상실해 버린 것이다. 우리는 친구를 초대하면 단지 식사를 제공할 뿐 아니라, 몇 시간 동안 그들의 즐거움을 책임지는 연출가로 자신을 내세우곤 한다.

그렇게 생각하면 막막하고 자신이 없어진다. 뭘 준비하면 좋을지 머리를 쥐어뜯기 시작한다. 파파야와 콩을 곁들인 닭 요리 레시피를 보고, 누군가 스페인에서 먹었다는 양념에 재운 간과 염소 치즈로 만드는 요리도 떠올려 본다. 그러다가 이제껏 펼쳐 보지도 않았던 아름다운 삽화가 담긴 중동 요리책을 서둘러 훑어보기에 이른다.

이렇듯 우리는 타인, 그중에서도 유명한 사람이 좋아하는 것에서 정답을 찾으려 애쓴다. 궁지에 몰리면 자신이 가진 가장 강력한 자원을 잊어버리기 때문이다. 무엇이 우리에게 즐거움을 주는지 새까맣게 잊는 것이다. 실상 위기의 순간, 우리가 마지막으로 조언을 구할 대상은 다름 아닌 우리 자신이다. 하지만 열두 살부터 좋아했고 지금도 혼자 즐겨 먹는 요리를 친구들 앞에 내놓을 생각은 하지 않는다. 타인은 섬세하고 견문도 넓어서 평범한 음식에 매료될 리 없다고 단정짓는 이상하고도 왜곡된 겸손함이 우리를 짓누르는 탓이다.

예술사에서 가장 흥미로운 순간은 독립심 강한 사람들이 자신의 즐거움을 진지하게 받아들이는 방법을 배우고, 다른 사람들 역시 동일하게 즐거움을 느낀다는 사실을 발견할 때이다.

대부분의 화가가 귀족 생활의 웅장함이나 성경의 주요한 장면을 그렸던 18세기, 영국 웨일스의 화가 토머스 존스는 평범한 존재들이 만드는 작은 광경에서 즐거움을 발견하는 데 충실했다. 햇볕에 널어놓은 빨래나 오래된 돌담이 관심의 대상이었다. 그는 타인이 무엇을 좋아할지 추측하지 않고 자신에게 즐거움을 주는 대상을 찾았다. 그 과정에서 존스는 이전에는 볼 수 없었던 유쾌한 분위기의 작품들을 남겼다.

토머스 존스, <나폴리의 벽>, 1782

존스의 작품은 훌륭한 향유 뒤에 숨어 있는 질문에서 비롯됐다. 이를테면 '내가 진짜 좋아하는 것은 무엇일까?'와 같은 질문이다. '어떻게 세상을 감동시킬까?'가 아니라, '나를 위한 건 무엇일까?'에 가깝다.

몇 시간 동안 타인이 흡족하도록 대접해야 하는 입장에서는 대답하기 어려운 질문이다. 사람들의 입맛은 대개 일치하지도 않는다. 다만 중요한 정보를 제공할지도 모르는 각자의 취향에 충실할 때, 비로소 타인을 만족시킬 가능성 역시 높아진다.

코코뱅

재료

버터 60g
샬롯 8개 → 4등분하기
베이컨 75g
마늘 3쪽 → 다지기
작은 당근 1다발
→ 이파리 자르고 껍질 벗기기
꼬마 순무 1다발 → 껍질 벗기고 4등분하기
닭 1마리(최대 1.4kg) → 토막 내기
닭 육수 200ml
레드와인 300ml
생월계수 잎 3장
생타임 1줌
주니퍼베리 4개
통후추 1작은술
양송이 200g → 기둥 떼어내기
이탈리안 파슬리 1줌 → 다지기
소금과 후추

준비 및 조리: 1시간 15분

분량: 4인분

1 오븐을 180℃로 예열한다.

2 통구이팬에 버터 30g을 녹인다. 샬롯, 베이컨, 마늘, 당근, 순무를 넣어 6~8분간 볶는다.

3 육수와 레드와인을 붓고 팬 바닥에 눌은 야채를 긁어낸다. 월계수 잎, 타임, 주니퍼베리, 통후추를 넣고 소금으로 간한다.

4 통구이팬에 손질한 닭을 올리고 은박지로 덮는다. 통구이팬을 오븐에 넣고 35분간 굽는다.

5 다른 팬에 남은 버터를 녹이고 양송이를 더한다. 넉넉하게 소금으로 간하여 버섯이 살짝 노릇해지도록 볶는다. 오븐에서 통구이팬을 꺼내 은박지를 제거하고, 볶은 양송이와 파슬리를 올린다. 통구이팬을 다시 오븐에 넣고 닭이 충분히 익도록 10~15분간 굽는다.

6 오븐에서 통구이팬을 꺼내 잠시 식히면 완성. 다음에 소개할 그라탕은 코코뱅의 채식 대체 메뉴, 혹은 곁들이 메뉴로 쓸 수 있다.

채소 그라탕

재료

버터 조금(팬에 바를 것)
감자 600g → 껍질 벗겨서 슬라이스
고구마 2개 → 껍질 벗겨서 슬라이스
단호박 400g → 슬라이스
사워크림 300ml
채수 100ml
홀그레인 머스터드 1큰술
달걀물 1개분
모차렐라치즈 200g → 얇게 슬라이스
체다치즈 200g → 강판에 갈기
생타임 1큰술 → 다지기(고명은 별도)
소금과 후추

준비 및 조리: 1시간
분량: 4인분

1 오븐을 200°C로 예열한다. 큰 제과제빵팬에 버터를 바른다.

2 냄비에 감자를 넣고 감자가 잠기도록 물을 받는다. 소금 1자밤을 더하고 물을 끓여 감자를 5분간 삶는다. 고구마와 단호박을 넣고 3분간 더 삶아 건진다.

3 믹싱볼에 사워크림, 채수, 머스터드, 달걀물을 담아 섞는다. 소금과 후추로 간한다.

4 제과제빵팬에 감자, 고구마, 단호박과 모차렐라치즈를 층층이 쌓고, 층마다 체다치즈와 타임을 흩뿌린다. 감자로 마지막 층을 올리고, 앞의 사워크림 혼합물을 감자에 골고루 발라 은박지로 덮는다.

5 제과제빵팬을 오븐에 넣고 30분간 굽는다. 은박지를 제거하고 감자가 부드럽고 노릇하게 익도록 15~20분간 더 익힌다. 오븐에서 제과제빵팬을 꺼내고 그라탕 위에 타임을 흩뿌리면 완성.

'각양각색의 친지들이 오는데 무엇을 대접해야 좋을까?'

사회생활에 대한 낭만적인 환상은 자신과 비슷한 사람을 찾는 데 치중하게 한다. 소울메이트를 찾거나, 그 정도까지는 아니더라도 관심사와 세계관을 공유하는 사람을 찾는 것이다.

하지만 현실에서는 까다롭고 귀찮은 이들과 많은 시간을 보내게 된다. 친구로 선택한 적도 없고 사사건건 의견이 엇갈리기 일쑤지만, 친하게 지내야 한다는 미명 아래 부득이 가까이 지내는 사람들, 바로 친척 말이다.

결코 선택하지 않았을 사람들이라는 점이 바로 가족의 핵심이다. 정치적 의견이 완전히 정반대인 삼촌 하나쯤은 누구나 갖고 있을 것이다. 한 번도 들어본 적도 없는 TV 프로그램이나 스케이팅에 푹 빠진 어린 조카는 어떤가. 중년의 아버지가 겪는 인생이라는 모험의 결과로 아름다운 새엄마를 얻을 수도 있다.

친척들과 함께 있으면 외계인 무리 한가운데 우연히 섞인 듯한 느낌이다. 다니는 회사의 회계 문제에 얽혔거나 아이슬란드의 고고학에 심취하는 등 우리가 살면서 단 한 번도 관심을 품지 않을 주제에 흥분하는 친척과 몇 시간을 보내야 할 수도 있다.

하지만 좀 더 고전적인 관점에서 사회생활을 본다면, 우리는 친척들에게 더 나은 역할을 부여해야 한다. 그들은 본능에 충실했다면 결코 친해질 기회가 없던 유형의 사람들과 친밀감을 쌓을 기회를 제공한다. 말도 안 된다고 여겨지는 관점을 품은 솔직한 이유를 직접 듣게 되는데, 달리 알 길이 없었다는 점에서 그 자체만으로도 소중한 정보라고 할 수 있다. 어쩌면 가치 없다고 여겼던 활동이 지닌 우아하고 흥미로운 면모를 깨닫게 될 수도 있다. 아니면 내부자만 알고 있는 이야기 또는 비밀스러운 시련을 들을 수 있을지도 모른다. 감당이 안 된다고 생각해 외면했을 사람들의 특별한 이야기 말이다.

역설적이게도 가족이 지닌 이상한 면면이 바로 그들의 최대 장점이다. 속마음은 그들로부터 도망치고 싶을 것이다. 하지만 일이라 생각하고 버티면, 자기 생각과 선호에 따라 형성된 완고하고 보이지 않는 편견을 바로잡고, 더 넓은 삶과 사람을 배우게 될 것이다.

통닭구이는 온 가족이 함께하는 식사 메뉴로 더할 나위 없다. 짙은 색을 띠며 젤라틴처럼 쫀득한 식감을 지닌 허벅지살이나 손에 쥐고 뜯어야 제맛인 다리, 섬세한 날개, 부드러운 가슴살, 숨어 있지만 육질이 풍부한 엉덩이까지 개성 강한 여러 부위들이 각기 다른 가족들의 입맛을 만족시킨다.

통닭구이

재료

닭(약 2kg) 2마리
레몬 2개 → 4등분하기
양파 2개 → 4등분하기
로즈마리 1줌
월계수 잎 6개
통마늘 4개 → 반으로 가르기
감자 3kg → 껍질 벗겨서 4등분하기
올리브유 4큰술
버터 100g → 상온에 두어 부드럽게 만들기
소금과 후추

준비 및 조리: 2시간
휴지 시간: 10분
분량: 10~12인분

1 오븐을 190°C로 예열한다.

2 닭을 소금과 후추로 간한다. 두 마리 모두 레몬, 양파, 로즈마리, 월계수 잎 그리고 반으로 가른 마늘로 구멍을 채워 넣는다. 다리는 요리용 실로 묶는다.

3 감자와 남은 마늘을 올리브유에 버무린다.

4 통구이팬에 닭을 넣고 감자와 마늘을 닭 주변에 골고루 올린다. 닭에 버터를 두루 바르고, 소금과 후추로 간한다. 통구이팬을 오븐에 넣고 중간중간 버터를 2~3차례 바르면서 1시간 40분간 굽는다.

5 오븐에서 통구이팬을 꺼내 은박지로 느슨하게 덮어 둔다.

6 오븐을 230°C로 맞추고 닭을 휴지시키는 동안 감자와 마늘을 넣어 바삭해지도록 10~15분 굽는다. 통닭구이에 감자와 마늘, 찐 채소 및 그레이비를 곁들이면 완성.

Tip!
조리 시간은 기본 20분에 닭 한 마리를 기준으로 무게 500g당 20분 정도를 추가해서 잡는다.

시금치 견과류 빵

재료

버터 조금(틀에 바를 것)
어린 시금치 150g
캐슈너트 130g
헤이즐넛 250g
밤 300g → 삶아서 다지기
양파 2개 → 곱게 다지기
셀러리 줄기 2대 → 곱게 다지기
당근 1개 → 깍둑썰기
마늘 2쪽 → 다지기
식용유 75ml
달걀물 2개분
옥수수 가루 40g
중력분 125g
베이킹파우더 ½작은술
소금과 후추

준비 및 조리: 1시간 20분
분량: 4인분

1 오븐을 180°C로 예열한다. 900g들이 식빵틀에 버터를 바르고 유산지를 두른다.

2 찜기에 시금치를 넣어 3분간 찐다. 시금치를 건져 키친타월로 물기를 제거하고 다진다.

3 푸드프로세서에 캐슈너트, 헤이즐넛, 밤, 양파, 셀러리, 당근, 마늘, 소금과 후추를 넣고 1~2초씩 돌리고 멈추기를 반복해 곱게 간다. 내용물을 그릇으로 옮기고 식용유, 달걀물, 옥수수 가루, 밀가루와 베이킹파우더를 넣어 섞는다. 마지막으로 다진 시금치를 넣어 반죽을 만들고 식빵틀에 옮겨 담는다.

4 반죽이 담긴 식빵틀을 작업대에 몇 번 두들겨 기포를 제거한다. 은박지로 덮어 오븐에서 20분간 굽는다. 은박지를 제거하고 노릇해지고 살짝 부풀어 오른 표면이 건조해지도록 오븐에서 25~30분간 더 굽는다. 이쑤시개로 빵 한가운데를 찔렀을 때 반죽이 묻어나지 않아야 한다.

5 오븐에서 식빵틀을 꺼내 식힘망에 올려 잠시 식히고, 빵을 꺼내 먹기 좋게 썰면 완성.

'아이들이 채소는 먹기 싫대'

아이들은 늘 채소를 따분하게 여긴다. 우리도 아마 그 나이 때는 그랬을지 모른다. 문제는 채소가 몸에 좋다는 사실을 너도나도 알고 있으며, 아이들이 건강하게 먹길 바란다는 점이다. 물론 그렇다고 삶은 양배추나 푹 무른 방울 양배추를 억지로 먹이는 옛날 부모처럼 굴고 싶지는 않다. 그런 끔찍한 맛은 말다툼을 야기한다.

아이들 식사에 균형을 잡는 일은 거대하고도 영원한 인류의 숙제다. 어떻게 아이들에게 하기 싫은 일을 하도록 유도할까? 흔히는 귀찮게 권해서 상대를 굴복시키지만, 이는 소모적일 뿐더러 효과적이지도 않다.

르네상스 예술은 더 나은 전략을 사용했다. 15세기 이탈리아의 가톨릭교회에서는 더 많은 신자를 유치하기 위해 사람들을 위협하거나 강압하지 않았다. 그들은 정말 유혹이라 할 수 있는 전략을 내세웠다. 건축가에게 멋진 교회 건물을 의뢰하고, 작곡가와 화가를 고용해 아름다운 음악을 작곡하고 매력적인 성인 남성과 여성을 그림으로 그렸다. 교회의 목표는 여전히 사람들에게 불편한 일이었다. 죄를 고백하고 회개하며, 타인에게 너그럽게 베풀고, 매주 일요일이면 교회에서 설교를 듣고 수입 일부를 봉헌해야만 했다. 하지만 교회는 감각과 감정에 호소함으로써, 교회에게는 유용하지만 신도들에게는 재미 없는 일을 좀 더 그들의 구미에 맞도록 포장했다.

아이의 식단 문제를 르네상스적으로 접근한다면, 아이가 몸에 좋은 음식을 먹고 싶도록 만드는 데 초점을 맞추게 된다. 아이 입맛이나 선호와 싸우는 게 아니라 아이가 좋아할 만한 요리에 몸에 좋고 건강한 좋은 식재료를 조금씩 더하는 것이다.

비트 브라우니

재료

비트 300g

무염 버터 100g(바를 것 별도)

다크초콜릿 200g → 대강 다지기

바닐라 추출액 1작은술

백설탕 250g

달걀 3개

중력분 100g

코코아 가루 25g

준비 및 조리: 45분

분량: 브라우니 16조각

1 오븐을 180℃로 예열한다. 25cm 길이의 정사각형 베이킹틀에 버터를 바르고 유산지를 두른다.

2 푸드프로세서에 비트를 넣고 매끄러운 퓌레가 되도록 간다.

3 팬에 초콜릿과 버터를 넣고 약불에서 녹인다. 퓌레로 만든 비트에 넣어 섞고, 바닐라 추출액을 더해 옆에 둔다.

4 옅은 크림색이 나고 걸쭉해질 때까지 설탕과 달걀을 휘젓는다(약 2분).

5 4번 혼합물을 비트 혼합물에 넣어 금속 숟가락으로 부드럽게 포개듯 섞는다.

6 밀가루와 코코아 가루를 체에 걸러 넣고, 다시 부드럽게 포개듯 섞어 반죽을 만든다.

7 반죽을 베이킹틀에 옮겨 담고 오븐에서 25~30분간 굽는다. 오븐에서 베이킹틀을 꺼내 그대로 식혔다가 네모나게 자르면 완성.

‘어려운 사람들에게
무엇을 대접해야 좋을까?’

우리는 대체로 자신의 가장 빼어난 점이 다른 이들에게 매력적으로 보일 것이라 믿는다. 점심이든 저녁이든 어디 하나 흠잡을 데 없이 완벽한 식사를 대접하려 애쓰는 이유다. 음식만큼이나 완벽한 이야깃거리도 섞어서 말이다.

우리는 타인의 관심을 자신의 성공으로 돌리고 인상적인 메뉴를 내놓으려는 경향이 있다. 남들이 우리를 좋아하기를 바라는 마음으로 새 직장이 얼마나 좋은지, 정원이 얼마나 잘 관리되고 있는지, 휴일 여행지로 어디를 예약했는지 등을 이야기한다. 그리고 우리가 샤오룽바오나 모카 다쿠아즈를 얼마나 잘 만드는지도 인정받고 싶어 한다.

하지만 실제로 우리가 타인에게 사랑받는 순간은 오히려 우리가 실패하거나 약점이 드러나 일을 망치고 실수할 때이다. 자신의 결점을 인정할 때 우리는 타인과 좀 더 가까워질 수 있다. 다른 이들로 하여금 우리 모두 언제나 훌륭하지 않으며, 종종 두려움을 느끼고, 돌이킬 수 없는 후회로 가득 차 있다는 사실에 공감하게 만드는 것이다. 완벽함이 타인을 감탄하게 만들면서 동시에 위협한다면, 결점은 타인과 교감하고 우정을 쌓을 계기를 마련한다.

거창한 식사도 좋지만 복잡한 요리가 언제나 좋은 인상을 보장하지는 않는다. 때로는 단순한 게 더 나을 수도 있다. 한쪽으로 치우치거나 변색된 요리가 매력의 중요한 요소를 식탁 위에 올리기도 한다. 불안에 대한 솔직한 인정, 실패를 기꺼이 인정하려는 태도, 그리고 허세와 야망을 희극적으로 표현할 줄 아는 친절이 바로 그것이다.

게살 수플레

재료

드레스드 크랩 1마리
파르메산치즈 2큰술
버터 25g(라메킨에 바를 것 별도)
밀가루 25g(라메킨에 두를 것 별도)
우유 285ml
토마토퓌레 2작은술
겨잣가루 ½작은술
타바스코 소스 약간
그뤼에르치즈 110g
소금과 후추
달걀노른자 3개
달걀흰자 4개

준비 및 조리: 1시간 10분
분량: 6인분

1 오븐을 180℃로 예열한다.

2 라메킨 6점에 버터를 바른다. 그 위에 파르메산치즈를 솔솔 뿌리고 남은 건 털어낸다.

3 냄비에 버터를 넣고 중불에 올려 녹인다. 밀가루를 섞어 1분간 더 익히고 우유를 조금씩 넣어 끓인다.

4 소스가 걸쭉해지면 토마토퓌레, 겨잣가루, 타바스코 소스, 그뤼에르치즈를 넣는다. 입맛에 따라 소금과 후추로 간하고 드레스드 크랩을 넣는다.

5 잠시 식힌 후 달걀노른자를 넣는다.

6 깨끗한 믹싱볼에 달걀흰자를 담아 부드러운 뿔이 올라올 때까지 거품기로 휘젓는다. 달걀흰자 일부를 5번 혼합물에 넣고 부드럽게 섞는다. 남은 달걀흰자도 넣고 마찬가지로 부드럽게 섞은 후 라메킨 6점에 나누어 담는다.

7 라메킨을 오븐에 넣고 수플레가 노릇하게 부풀어 오를 때까지 20분간 구우면 완성.

8 구운 직후에 내고, 수플레가 금새 주저앉아도 실망하지 않는다.

'따뜻한 주최자가 되고 싶어'

각종 예의범절을 준수하면서 겉으로 드러날 만큼 정중했는데, 정작 손님들에게는 그저 차갑게만 보이는 사람이 있다. 손님은 결국 따분함을 느끼고 다시는 초대에 응하지 않는다.

사회생활에서 따뜻하다는 말은 규범에 지나치게 얽매이는 공손함만을 의미하지 않는다. 핵심은 인간미에 있다. 공손함이 나쁜 덕목은 아니지만, 너무 공손하게만 대한다면 오히려 거리감이 느껴진다. 우정을 쌓으려면 상대방이 편안함을 느껴야 한다. 평범하고 일상적이면서 덜 가식적인 모습을 보여야 하는 이유다. 우리 역시 기본적인 욕구와 세속적인 욕망을 느낀다는 걸 보여야 한다. 따뜻함은 우리 자신이 욕구와 욕망을 솔직하게 마주하고, 타인 역시 그렇다는 사실을 인지하는 데서 생겨나는 것이다.

핑거 푸드, 즉 손가락으로 먹는 음식은 식탁의 분위기를 좀 더 인간적으로 풀어준다. 손으로 먹어야 하니 예의를 너무 차리려야 차릴 수가 없다는 점이 핑거 푸드의 묘미이다. 부드러운 토르티야를 손으로 잡고 소가 떨어지지 않도록 애쓰면서 손님에게도 똑같이 편하게 먹도록 권하자. 맛있게 먹느라 소스가 턱에 묻고 식탁에 떨어져 정신 없겠지만, 그런 건 아무도 신경 쓰지 않을 것이다.

생선 타코와 코울슬로

코울슬로

마요네즈 2큰술
크렘 프레슈 1큰술
겨잣가루 1큰술
화이트와인 식초 1큰술
양배추 450g → 곱게 채썰기
당근 1개 → 곱게 채썰기
백설탕 1자밤

타코

흰살 생선(대구 등) 600g → 살만 발라내기
라임 1개 → 착즙하기
중력분 적당량
식용유 4큰술
옥수수 토르티야 8장
소금과 후추

준비 및 조리: 45분
분량: 4인분

1 믹싱볼에 마요네즈, 크렘 프레슈, 겨잣가루와 식초를 넣고 섞는다.

2 소금 약간과 설탕 1자밤으로 간하고, 나머지 코울슬로 재료를 넣어 섞는다. 그대로 상온에 15분간 둔다.

3 생선은 소금, 후추로 간하고 라임즙을 끼얹는다. 밀가루를 두르고 남은 건 털어낸다.

4 큰 냄비에 식용유를 두르고 불에 올려 뜨겁게 달군다. 생선을 올려 모든 면이 노릇하고 생선살이 불투명해지도록 3~5분간 지진다.

5 구운 생선을 코울슬로, 토르티야와 함께 내면 완성.

아보카도 튀김 타코

재료

중력분 100g
달걀 2개
빵가루 180g
아보카도 2개
식용유 1000ml(튀김용)
미니 토르티야 8장
양상추 ½통 → 채썰기
체다치즈 100g → 강판에 갈기
사워크림 120g
고수 1줌 → 손으로 찢기
라임 1개 → 반달썰기
핫소스(타바스코 등)
소금과 후추

준비 및 조리: 30분
분량: 4인분

1 밀가루, 달걀, 빵가루를 각각 다른 접시에 순서대로 담고 소금으로 간한다. 달걀은 포크로 풀어 달걀물을 만든다.

2 아보카도는 반으로 갈라 껍질을 벗기고 씨를 제거한 뒤 16등분한다. 밀가루와 달걀물을 차례로 입히고 빵가루 위에 올린다. 아보카도를 살포시 눌러 빵가루를 고루 입힌다.

3 바닥이 두툼한 냄비에 튀김용 식용유를 넣고, 불에 올려 180°C로 달군다. 아보카도를 두 번에 나눠 노릇하고 바삭하게 3분간 튀긴다.

4 다 튀겨진 아보카도는 건져 키친타월을 두른 접시에 올린다. 남은 아보카도를 튀기는 동안 식지 않도록 은박지로 감싼다.

5 기름을 두르지 않은 팬을 중불에 올려 뜨겁게 달구고, 토르티야를 넣어 데운다.

6 토르티야에 튀긴 아보카도, 양상추, 체다치즈, 사워크림, 고수를 올린다. 핫소스와 라임을 곁들여 내면 완성.

추로스와 오렌지 초콜릿 소스

재료

다크초콜릿 200g → 다지기
생크림 200ml
오렌지 겉껍질 1작은술
중력분 300g
식용유(튀김용)
설탕(고명용)
소금

준비 및 조리: 45분
분량: 15~20개

1 금속 그릇에 초콜릿을 생크림과 함께 넣고 중탕하여 녹인다. 녹은 초콜릿은 잠시 식힌 뒤 오렌지 겉껍질을 섞어 오렌지 초코릿 소스를 만든다.

2 냄비에 물 500ml을 받아 소금 1자밤을 넣고 끓인다. 밀가루를 한꺼번에 넣고 나무 숟가락으로 젓는다. 반죽이 덩어리로 빚어져 냄비 바닥에서 떨어져 나올 때까지 불 위에서 3분간 젓는다. 반죽을 그릇에 옮겨 랩으로 덮고 10분간 숙성한다.

3 중간 크기 별 모양 깍지(지름 대략 1cm)를 끼운 짤주머니에 반죽을 채운다.

4 우묵한 냄비(혹은 튀김기)에 튀김용 식용유를 받고, 불에 올려 170°C로 달군다. 나무 숟가락을 담갔을 때 작은 거품이 일면 튀기기에 알맞다.

5 짤주머니를 뜨거운 기름에 대고 12cm 길이로 짜낸 뒤 자른다. 반죽을 노릇해지도록 뒤집으면서 4~5분간 튀긴다. 튀긴 추로스는 키친타월 위에 올려 기름을 제거한다.

6. 추로스가 아직 따뜻할 때 설탕을 솔솔 뿌리고 오렌지 초콜릿 소스를 곁들이면 완성.

사회생활에서 따뜻하다는 말은
규범에 지나치게 얽매이는
공손함만을 의미하지 않는다.
핵심은 인간미에 있다.

열린 마음을 지닌 주최자는 손님이 예상과 전혀 다른 속마음을 꺼내더라도 언제든 차분하게 들어줄 준비가 되어 있다.

기원전 2세기 로마의 극작가 테렌티우스(Terentius)는 열린 마음을 이렇게 정의했다. "나는 인간이다. 따라서 인간의 어떤 면도 내게는 낯설지 않다."

열린 마음의 소유자는 이미 자신의 지독한 괴팍함을 깨닫고 있기에 타인의 괴팍함에 놀라지 않는다. 또한 겉모습으로 타인의 내면을 판단하지도 않는다. 그들은 타인의 실제 모습에 포용적이다. 부스스한 사람이 유능하게 일하거나, 멀끔히 차려입은 변호사가 난잡한 성생활을 즐기고, 실력 좋은 정원사가 세법에 박식하거나 훌륭한 테니스 선수일지라도 놀라지 않는다. 말주변 좋은 사람이 공황장애로 고생하거나 과음하는 술꾼이 도리어 진지하고 사려 깊을 수도 있다고 생각한다.

이상하게도 열린 마음은 타인이 아니라 나 자신에 주목할 때 생성된다. 우리 내면에는 기이한 상상을 즐기고 사회 규범을 넘나드는 휴식 공간이 자리한다. 가령 절대 실행하지도 않을 지독한 복수를 상상하는 것이다. 또는 예의범절에 엄격한 사람이라도 정교한 공상을 즐기고, 돈이 전부는 아니라는 가치관을 가졌으면서도 돈에 집착한다. 꽤 침착해 보이지만 때로는 분노와 절망에 시달린다. 열린 마음을 지니면 자신에 대한 이해를 바탕으로 타인을 이해하려 애쓴다. 자신만큼이나 타인 역시 속내가 복잡하다고 가정하며 세계를 너그럽게 받아들이는 것이다.

식탁이야말로 열린 마음이 필요한 자리이다. 소수의 친구와 함께 도덕적으로 판단받을 우려 없이 기이한 구석을 드러내 보일 수 있다. 괴상하게 생긴 바다 생물을 식탁에 올린다면 자리는 한층 더 빛날 것이다.

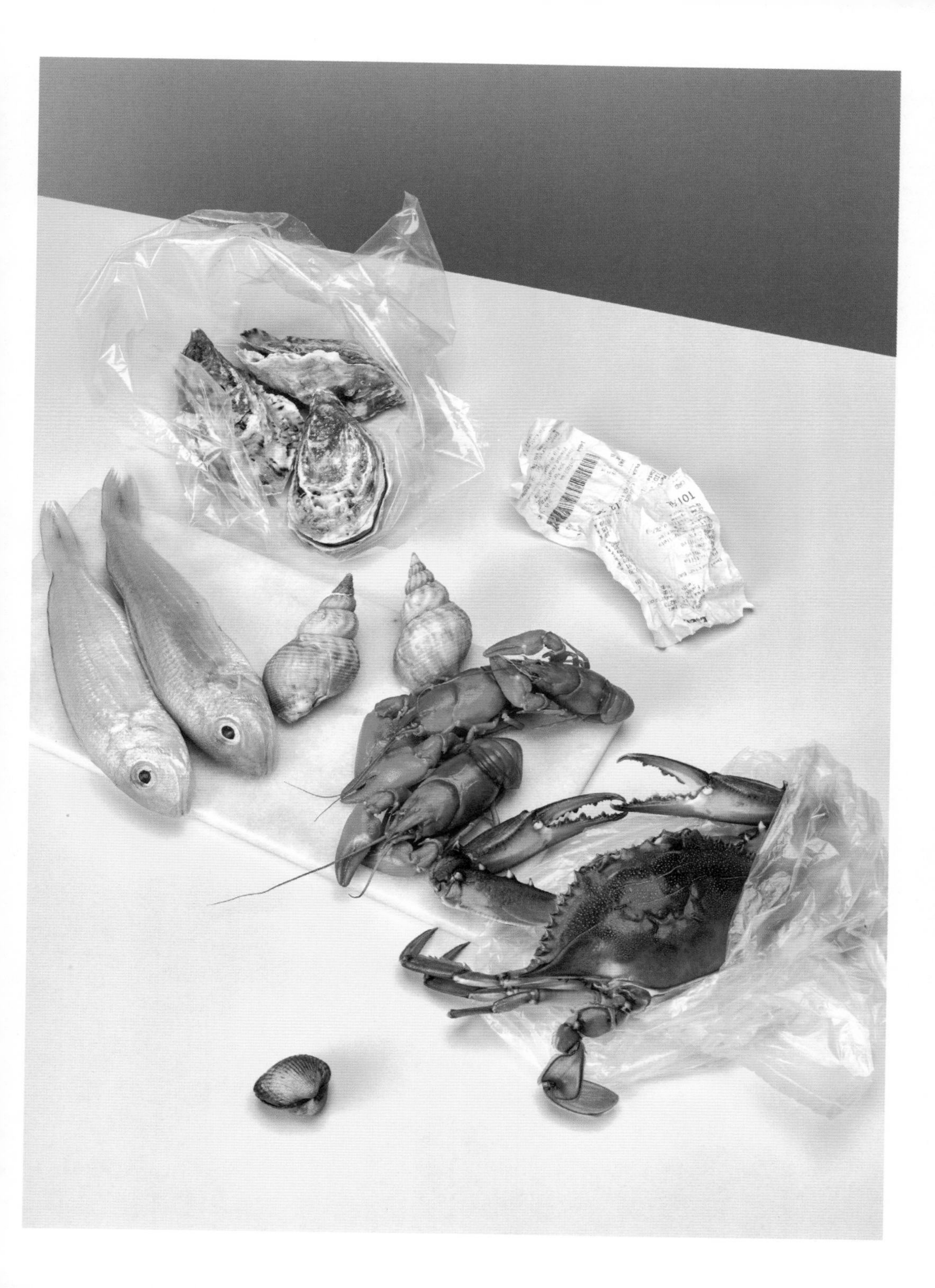

“나는 인간이다.
따라서 인간의 어떤 면도
내게는 낯설지 않다.”

-테렌티우스

석화

재료

화이트와인 식초 80ml

레드와인 식초 80ml

소금 ½작은술

후추 ½작은술

백설탕 1자밤

샬롯 2개 → 곱게 다지기

석화 16개

준비 및 조리: 45분

분량: 4인분

1 작은 그릇에 식초, 소금, 후추, 설탕을 넣고 소금과 설탕이 다 녹을 때까지 휘젓는다. 다진 샬롯을 섞어 드레싱을 만들고 30분간 가만히 둔다.

2 흐르는 찬물에 석화 겉면을 박박 문질러 닦는다.

3 전용 칼로 석화를 조심스레 깐다. 한 손으로는 마른 행주로 석화를 감싸 쥐고, 다른 쪽 손으로는 껍데기가 만나는 지점에 칼을 밀어 넣는다. 칼끝이 들어가면 날을 수평 방향으로 움직여 위쪽 껍데기에 붙어 있는 관자를 끊고, 위쪽 껍데기를 들어낸다. 이때 굴즙이 흐르지 않도록 조심한다.

4 굴 위에 드레싱을 곁들이면 완성.

크렘 프레슈와 타라곤으로 양념한 홍합찜

재료

무염 버터 15g
샬롯 2개 → 얇게 저미기
타라곤 4대(고명은 별도)
손질한 홍합 1500g → 팁 참고
달지 않은 사이다 300ml
크렘 프레슈 3큰술
후추
겉이 바삭한 빵(곁들이용)

준비 및 조리: 20분
분량: 4인분

1 크고 바닥이 두툼한 냄비에 버터를 넣고 중불에 올려 녹인다. 샬롯과 타라곤을 넣고 숨이 죽도록 3~4분간 볶는다.

2 불을 강불로 올리고 홍합과 사이다를 넣는다. 냄비 뚜껑을 덮고 냄비를 가끔씩 흔들면서 홍합이 벌어질 때까지 4~6분간 찐다.

3 뚜껑을 열어 벌어지지 않은 홍합은 솎아내고, 익은 홍합은 그릇으로 옮긴다.

4 불을 중불로 내리고 홍합찜 국물을 졸인다. 크렘 프레슈를 넣고 후추로 간한다.

5 충분히 졸인 국물을 떠서 홍합에 끼얹고, 바삭한 빵을 곁들이면 완성.

Tip!
홍합은 수염을 제거하고 물로 씻어 손질한다. 수염은 손가락으로 세게 잡아당겨 뽑는다. 요리하기 전에 몇 번 두드려도 입을 다물지 않는 홍합은 버린다.

브라운 버터 소스를 곁들인 가오리 날개 튀김

재료

준비 및 조리: 20분

분량: 4인분

가오리 날개 4점 → 포를 떠서 껍질 벗기기
중력분 3큰술
무염 버터 4큰술
화이트와인 60ml
소금과 후추
곱게 다진 차이브 2큰술

1. 오븐을 가장 낮은 온도로 예열하고, 가오리 날개를 담을 베이킹시트를 넣어 둔다.
2. 가오리 날개를 물로 씻는다. 키친타월로 두들겨 물기를 제거하고 소금 약간으로 간한다. 밀가루를 입히고 남은 건 털어낸다.
3. 팬을 강불에 올려 3분간 달군다. 팬이 달궈지면 불을 줄이고 버터 절반을 넣어 녹인다.
4. 버터가 녹으면 가오리 날개를 넣어 각 면을 2~3분간 지진다. 지진 가오리 날개는 베이킹시트에 올려 예열한 오븐에 넣는다.
5. 팬에 남은 버터를 넣고 옅은 갈색이 되도록 익힌다. 화이트와인을 넣고 끓인다. 알코올을 날려 브라운 버터 소스를 만든다.
6. 오븐에서 가오리 날개를 꺼내 접시에 담고, 브라운 버터 소스를 끼얹는다. 차이브로 장식하고 으깬 감자를 곁들이면 완성.

‘집값과 교통 체증 외에
괜찮은 대화 주제는 없을까?’

우리는 친구들이 지닌 매력에 대해서는 잘 알지만, 그들의 내면에 대해서는 거의 알지 못한다. 어쩌면 직장에서 벌어진 일이나 아이들의 학교에서 있었던 짜증 나는 일, 부동산 가격 폭락 외의 이야기를 나누지 못한 탓일지 모른다. 그런 상황이 낯설지는 않지만, 그럼에도 거기엔 비극적인 기운이 존재한다. 모든 개인은 저마다 흥미로운 구석을 지니고 있다. 자신만의 삶을 살면서 고통받아 왔으며, 수없이 많은 기억을 품고 있다. 다채로운 인간 극장을 목도했으며 아주 많은 생각과 의견을 지녔지만, 대화에서는 고작 몇 개의 편린만 드러날 뿐이다.

해결책은 너무 익숙해서 도리어 대화 화두로 삼지 않는 식사와 관련된 아이디어, 즉 메뉴에 있다. 우리는 레스토랑에 도착하자마자 머릿속에 떠오르는 음식을 곧바로 주문하지 않는다. 혼자였다면 선택하지 않았을 몇 개의 메뉴를 꼼꼼하게 추천받곤 한다. 생각지도 못했던 추천 메뉴나 메뉴판의 다른 메뉴를 내가 원하고 있었다는 사실을 깨닫는 건 우리의 상상력을 뛰어넘는 것과 다르지 않다.

대화 메뉴의 역할 또한 그와 비슷하다. 여기에는 흥미로운 대화는 저절로 생겨나지 않는다는 고전적인 생각이 깔려 있다. 이에 따르면 즐거운 대화는 철저한 사전 준비에서 비롯된 노력의 결과물이다.

여기서는 식사 자리에서 직접 시도해 볼 만한 소소한 대화 메뉴를 소개한다.

전채

•

열 살 때 당신은 어떤 아이였나요?

주요리

•

살면서 가장 어려웠던 순간을 들려주세요.

디저트

•

실패한 경험이 있나요? 어떻게 대처했고,
지금은 어떻게 느껴지나요?

(추가적인 대화 메뉴는 353쪽 참고)

우리는 친구들이 지닌

매력에 대해서는 잘 알지만,

그들의 내면에 대해서는

거의 알지 못한다.

식탁에서 즐거움을 찾는 일은 제법 괜찮게 들린다. 하지만 인간 생활에는 즐거움만이 아니라 비통함, 두려움, 회한 같은 감정도 있다. 좋은 식사는 언제나 밝고 즐거워야 한다는 생각은 도리어 적절한 환대를 제공하는 데 방해가 될 공산이 크다.

보통의 삶에는 슬픔도 적잖게 묻어 있다. 아니 어쩌면 우리 삶 대부분에는 강한 슬픔이 깔려 있을 가능성이 크다. 슬픔과 맞닥뜨리고 싶지 않은 마음이야 인간으로서 당연하지만, 마냥 회피한다면 상당한 대가를 치르게 될 것이다. 내면의 어두운 면모와 괴팍하고 잔인한 삶의 일부를 솔직히 인정하는 태도야말로 다른 사람들에게 친밀감을 얻는 중요한 요소다.

소아 정신분석의 선구자인 도널드 위니콧(Donald Winnicott)은 특별히 문제적인 양육자를 규정한 바 있다. 바로 아기와 어린이를 항상 '즐겁게' 만들려는 이들이다. 그들은 아기와 어린이를 따라다니면서 환호성과 함께 안아 올리고, 과장된 표정을 지으면서 위아래로 튕긴다. 어쩌면 시도 때도 없이 '까꿍!'을 남발할지 모른다. 혹자는 이런 양육자를 향한 비판이 당황스러울 수 있다. 아이가 언제나 즐겁기를 원하는 게 왜 나쁠까? 위니콧은 아이가 즐겁기만 바라는 태도는 결국 아이들로 하여금 자신의 슬픔, 더 넓게는 자기감정을 받아들일 기회를 차단한다고 경고했다.

아이에게 즐거움만 주려는 양육자는 아이가 그저 행복해지기만을 원하지 않는다. 놀랍게도 그들은 아이가 슬플 수 있다는 가능성 자체를 받아들이지 못한다. 자신의 감정 속에 숨어 있는 실망과 슬픔을 들여다본 적도 없고, 들여다본다면 압도되고 말 것이다. 부서진 장난감, 일요일 오후의 회색빛 하늘, 양육자의 눈에서 엿보이는 마르지 않는 슬픔 등 위니콧은 어린 시절도 성인 이후의 삶과 마찬가지로 슬픔으로 가득 차 있다고 주장했다. 무슨 말이냐면, 우리 모두는 영속적으로 애도의 기간을 부여받아야 한다는 의미이다.

우리에게는 인생의 얼마나 많은 부분이
엄숙하고 애절하게 슬퍼할 만한 가치가
있는지 떠올리게 만드는 문화가 필요하다.
장사하려는 속셈이냐는 비난으로 우울함이
자리할 정당한 자리가 공격적으로
부정당하지 않아야 하는 것이다.

필요하다면 음식으로 침울한 분위기를
자아낼 수 있다. 예를 들어 짙은 색에 살짝
무거운 질감, 그리고 은근하고 고상한
분위기를 자아내는 소고기나 콩 스튜를
먹으면서 좀 더 자기반성적인 마음을
자아내는 것이다. 소고기나 콩 스튜는 그저
개인의 성격이라고만 치부할 수 없는 우울한
마음을 일깨운다. 이 요리와 수세기에 걸쳐
온갖 장소에서 이 요리를 사랑해 온 모두가
우리 편이다. 어떤 요리는 우울한 마음이
개인의 괴팍한 성격이 아니라, 인간이
처한 상황의 더 어두운 면에 대한 지적인
반응이라며 우울의 존재 이유를 정당화한다.

비프 부르기뇽

재료

찌개용 소고기 살코기 900g → 깍둑썰기
식용유 3큰술
샬롯 450g → 껍질 벗기기
베이컨 4장
마늘 2쪽 → 으깨기
밀가루 1큰술
달지 않은 레드와인(부르고뉴 등) 500ml
소고기 육수 250ml
당근 2개 → 뭉텅뭉텅 썰기
타임 2대
월계수 잎 2장
버터 50g
양송이 200g
다진 파슬리 1큰술
소금과 후추

준비 및 조리: 3시간 30분

분량: 4인분

1 오븐을 170°C로 예열한다.

2 큰 팬에 식용유 2큰술을 두르고 불에 올려 달군다. 살코기를 넣고 골고루 노릇해지도록 지진다. 고기가 많으면 여러 차례 나눠서 지지고 그릇에 옮긴다.

3 팬에 남은 기름을 두르고 샬롯과 베이컨을 넣어 살짝 노릇해지도록 볶는다.

4 팬에 마늘과 옮겨 놓았던 고기, 밀가루를 넣어 2분간 볶는다.

5 팬에 와인과 육수를 부어 종종 저으며 끓인다. 당근, 타임, 월계수 잎을 더하고 소금과 후추로 간한다.

6 팬에서 끓인 내용물을 오븐 사용 가능한 접시에 옮기고, 고기가 아주 부드러워질 때까지 오븐에서 2시간 30분 동안 익힌다.

7 다른 팬에 버터를 넣고 중불에 올려 녹이고, 양송이를 넣어 노릇하게 지진다. 조리한 양송이를 오븐 속 접시에 넣고 30분간 더 익힌다.

8 오븐에서 접시를 꺼내 잠깐 식히고, 다진 파슬리를 솔솔 뿌리면 완성.

모로코식 콩 스튜

재료

식용유 2큰술
큰 양파 1개 → 곱게 다지기
마늘 2쪽 → 다지기
다진 생강 2큰술
계핏가루 1작은술
커민 가루 4작은술
고수 가루 1작은술
훈연 파프리카 가루 1작은술
고춧가루 ¼작은술
카다몬 3깍지 → 살짝 눌러 으깨기
하리사(북아프리카 향신료 페이스트) 2큰술
강낭콩 통조림 400g
병아리콩 통조림 400g
잠두(누에콩) 400g
다진 토마토 통조림 800g
레몬즙 2큰술
석류 당밀 2큰술
플레인 요구르트(고명용)
고수 1줌 → 다지기
소금과 후추

준비 및 조리: 1시간 20분
분량: 4인분

1 캐서롤 접시에 식용유를 두르고 중불에 올려 달군다. 양파, 마늘, 생강과 소금 1자밤을 넣고 숨이 죽을 때까지 6~8분간 볶는다.

2 향신료들과 하리사를 넣고 색이 조금 짙어질 때까지 2분간 볶는다. 강낭콩, 병아리콩, 잠두, 토마토를 넣는다. 입맛에 따라 소금과 후추로 간한다.

3 부글부글 끓기 시작하면 불을 줄이고, 걸쭉해질 때까지 가끔씩 저으면서 30~45분간 보글보글 끓인다.

4 내용물이 다 익으면 레몬즙, 석류 당밀을 넣는다. 입맛에 따라 소금과 후추로 간을 더한다.

5 스튜를 그릇에 나눠 담고, 요구르트와 다진 고수를 얹으면 완성.

오랫동안 알아 왔고 좋아하지만, 의외의 주제에 몹시 흥분하는 사람들이 있다. 목소리를 높이거나 말을 너무 빨리하는 그들은 마치 전 세계 모든 문제를 혼자 떠안은 듯 주변을 신경도 쓰지 않는다. 목소리를 높이는 이들은 강력한 자기 확신으로 가득하다. 자기 말이 무조건 옳다고 믿으며, 반대편에 있는 사람은 모두 바보이거나 사기꾼이라 여긴다. 이런 사람과의 식사는 분명 따분한 일이다.

이처럼 목소리를 높이는 사람을 상대하려면 그들의 자기 확신이 도대체 어디에서 왔는지 알아야 한다. 대체로 그 이유는 그렇게 목에 핏대까지 세우면서 목소리를 높이는 주제와는 별 상관이 없다. 부패한 정치인이나 세금 제도의 부당함, 젊은이들의 예의 없음도 진짜 문제가 아니다. 그들의 고함은 자포자기의 표현이자, 사랑과 다정함 그리고 인정을 갈구하는 교묘하게 위장된 애원이다.

목소리를 높이는 사람에게는 다른 무엇보다 위안과 안심이 필요하다. 그들은 상처받고 무시당하는 만큼 못돼 먹지는 않았다. 음식이라는 측면에서 보자면, 상냥하고 너그러움을 자아내는 요리가 그들에게 도움이 될 수 있다. 이는 친구에게 잘 고른 선물을 주는 것과 같다. 당장은 우정을 보장할 수 없더라도, 결국에는 어느 정도 영향력을 발휘한다. 알맞는 음식만 낸다면, 한 입 두 입 즐기는 사이 그들의 고함 소리는 점차 잦아들 것이다.

고구마와 코코넛 커리

재료

식용유 2큰술
겨자씨 1작은술
커민씨 ½작은술
양파 1개 → 다지기
마늘 2쪽 → 저미기
다진 생강 1큰술
작은 홍고추 2개 → 곱게 다지기
부드러운 커리 가루 2작은술
고수 가루 1작은술
커민 가루 1작은술
강황 가루 1작은술
설탕 1자밤
고구마 3개 → 껍질 벗겨 깍둑썰기
토마토 2개 → 갈아서 퓌레로 만들기
채수 300ml
코코넛밀크 300ml
레몬즙 ½개분
고수 잎(고명용)
소금과 후추

준비 및 조리: 50분
분량: 4인분

1 큰 캐서롤 접시에 식용유를 두르고 중불에 올려 달군다. 향신료 씨앗, 양파, 마늘, 생강, 홍고추와 소금 1자밤을 넣는다. 내용물 숨이 죽고 노릇해지도록 8~10분간 볶는다.

2 향신료 가루와 설탕을 넣어 섞는다. 향신료 씨앗 밑에서 기름이 거품을 내며 끓어오르기 시작할 때까지 2분간 더 볶는다.

3 고구마와 토마토퓌레, 채수와 코코넛밀크를 넣는다. 내용물이 끓기 시작하면 불을 줄이고 보글보글 끓인다.

4 고구마에 칼끝이 저항 없이 들어갈 정도로 물렁해질 때까지 20~25분간 종종 저으며 계속 보글보글 끓인다.

5 입맛에 따라 레몬즙, 소금, 후추로 간한다.

6 커리를 그릇에 담고 고수 잎을 얹으면 완성.

오렌지 폴렌타 케이크

케이크

달걀 3개
백설탕 110g
무염 버터 110g → 녹여서 식히기
오렌지 ½개
→ 착즙하고 겉껍질 강판에 갈기
폴렌타(또는 그리츠) 가루 225g
베이킹파우더 ½큰술
소금 1자밤
바닐라 추출액 1작은술

시럽

오렌지 3개 → 착즙하기
오렌지 1개 → 겉껍질 강판에 굵게 갈기
백설탕 150g

준비 및 조리: 1시간 25분
분량: 케이크 1개(12조각)

케이크 만들기

1 오븐을 160℃로 예열한다. 지름 20cm짜리 스프링폼 케이크팬 바닥에 유산지를 두른다.

2 큰 그릇에 달걀과 설탕을 넣고 무스처럼 걸쭉하고 부피가 커질 때까지 전동 거품기로 휘젓는다. 버터, 오렌지즙과 오렌지 겉껍질을 넣고 치댄다. 폴렌타 가루, 베이킹파우더, 소금, 바닐라 추출액을 넣고 치대서 반죽을 만든다.

3 반죽을 케이크팬에 담아 오븐에서 노릇해지도록 30~40분간 굽는다. 이쑤시개로 찔렀을 때 반죽이 묻어나지 않아야 한다.

시럽 만들기

4 팬에 모든 시럽 재료를 넣고 약불에 올려, 설탕이 완전히 녹을 때까지 부드럽게 끓인다. 시럽이 끓기 시작하면 불을 줄이고 5분간 더 끓인다.

5 이쑤시개로 케이크 표면에 구멍을 내고, 뜨거운 시럽과 오렌지 겉껍질을 끼얹는다. 시럽이 완전히 식으면서 케이크에 흡수될 때까지 두었다가 케이크팬에서 꺼내면 완성.

애정을 가지고 능숙하게 타인을 놀리는 기술은 인간만이 지닌 심오한 재주이다. 물론 고약하게 놀려대서 상처를 긁는 경우도 생긴다. 하지만 순수하게 호감을 표현하는, 너그럽고 친근하게 다가가 상대방의 기분을 북돋는 유익한 장난도 있다.

인간은 어떻게든 균형이 조금씩 틀어져 있다. 너무 진지하거나 너무 우울하거나 너무 가볍다. 목표가 정확하면서도 부드러운 장난은 우리 모두를 더 건강한 방향으로 이끄는 힘이 있다. 가령 좋은 농담은 엄중한 교훈을 전달하는 대신, 자신의 지나친 면을 스스로 깨닫고 웃게 만든다. 우리가 더 나은 사람이 되는 건설적인 결과를 가져오는 것이다. 덕분에 우리는 상대가 애정을 갖고 (은근히 바라던) 자극을 주려고 애쓴다는 사실을 깨닫는다.

최고의 장난은 상대방을 향한 진심 어린 통찰에서 나온다. 누군가를 깊이 연구하고, 상대가 처한 어려움을 정확히 이해하며, 가장 가치 있지만 주목받지 못하는 측면으로 접근하는 식이다.

권력과 권위를 지닌 사람이 오랜 친구와 장난을 주고받는 모습은 특히 흥미롭다. 낯선 사람이라면 지레 겁을 먹겠지만, 잘 아는 친구라면 머리에 거미라도 한 마리 앉아 있는 듯 가장하면서 딱딱한 긴장감을 무너뜨릴지 모른다. 그들은 이미 오랜 경험을 통해 상대방에게 유치하고 장난기 가득한 구석이 있으며, 이런 식의 격려가 필요하다는 걸 알고 있다. 애정 어린 장난은 인간의 균형감을 회복시킨다. 지적 능력을 가진 사람에게는 거친 장난의 묘미를 일깨우고, 지나치게 조심스러운 사람에게는 모험을 향한 은밀한 욕구를 다시 불러일으킨다.

장난은 미묘하면서도 위력적인 교육 방식이다. 비판은 내용과 방식을 막론하고 받아들이기 어렵다. 우리는 배움에 느리고 또 주저하며 일장연설을 늘어 놓으려는 사람을 무시하고 등을 돌리는 경향도 가지고 있다. 이런 현실에서 장난은 인류의 중요한 통찰력에 기댄다. 재치 있게 우리의 과장된 면을 부각시킴으로써 비판과 매력을 결합시키는 것이다. 부정적인 견해라는 점은 비판과 같지만 친절로 포장되어 있는 데다가 놀이로 위장했으므로 한결 더 받아들이기 수월해진다. 이렇듯 장난은 기묘한 방식으로 우리가 미덕을 따르도록 유혹한다. 조지 버나드 쇼가 이렇게 충고하지 않았던가. "진실을 말하려면 상대방을 웃게 하라,

아니면 그들이 당신을 죽일 것이다."

식탁에서의 장난은 동질감을 키운다. 예를 들어 양념장, 특히 마요네즈를 곁들인 해물 모둠 튀김을 함께 먹는 식탁은 장난치기에 더없이 좋은 기회다. 누군가 당신이 먹으려던 튀김을 집어 갔다면, 그의 시선이 다른 곳을 향할 때 접시에서 튀김을 낚아채도 좋을 것이다.

프리토 미스토
(해산물 모둠 튀김)

재료

식용유 1500ml
중력분 250g
정어리 16마리 → 비늘·내장·대가리 제거하기
새우 300g → 껍질 벗기고 내장 발라내기
가리비 관자 300g → 손질하기
오징어 몸통 300g
→ 손질해 원통 모양으로 슬라이스
이탈리안 파슬리 1줌 → 다지기
타르타르소스
레몬 1개 → 반달썰기
소금과 후추

준비 및 조리: 20분
분량: 4인분

1 크고 바닥이 두툼한 냄비에 식용유를 받고, 불에 올려 180°C로 달군다. 온도계로 식용유 온도를 정확하게 측정한다.

2 식용유가 달궈지는 사이, 얕은 접시에 밀가루를 담고 소금과 후추로 넉넉하게 간한다. 생선을 비롯한 모든 해산물에 똑같이 간한다.

3 식용유가 알맞게 달궈지면, 재료를 여러 차례에 나눠 밀가루를 입혀 노릇하고 바삭하게 각 면당 20~30초씩 튀긴다.

4 튀김을 건져 키친타월을 두른 큰 쟁반에 올려 기름기를 제거한다. 식지 않도록 은박지로 덮어 두고, 남은 재료를 마저 튀긴다.

5 튀김에 파슬리를 흩뿌리고 타르타르소스와 레몬을 곁들이면 완성.

‘약간의 격식이 주는 즐거움을 나누고파’

불행하게도 집안 살림은 대체로 흉하다. 서로 악다구니를 쓰고 사방이 난장판이다. 아무도 상황을 바꾸려고 노력하지 않는다. 가족들은 아무런 여과 장치도 없이 가장 솔직하면서도 옹졸한 생각을 입 밖에 낸다. 구부정하게 앉아 끊임없이 구시렁거린다.

음식은 이러한 분위기를 바꿀 수 있다. 약간의 격식을 활용해 우리 자신을 평소와 조금 다른 사람으로 바꾸는 것이다. 격식을 차린다니…. 생각과 감정의 자유를 검열하는 위선으로 들린다. 하지만 날것의 자신을 주변 사람들에게 꺼내 보이는 행위 또한 너그럽지도 친절하지도 않다.

우리는 소파에서 과자를 먹거나, 더러워지는 걸 걱정하지 않고 가운을 입은 채로 샌드위치를 우물거리고 아이스크림을 용기째 퍼먹는 등 격식을 차리지 않을 때의 즐거움을 안다. 하지만 우리가 간과하고 있는지도 모를 정반대의 즐거움도 있다. 바로 옷을 잘 차려입고 격식을 갖출 때의 즐거움이다.

우리는 더 이상 가혹한 사회의 통념을 억지로 따르면서 격식을 차릴 필요가 없다. 다만 더 교양 있는 자신을 만나기 위해 격식을 차린다. 깔끔하게 씻고 옷차림을 가다듬어 우리를 좀 더 말쑥하고 날렵해 보이도록 가꾼다. 예의 바르게 굴고, 질문에 성의 있게 답하며, 음식을 씹으며 말하지 않고, 타인의 말에 귀를 기울일 것이다. 우리는 이따금씩 듣기가 중요하다고 자신에게 말한다. 충동을 다스리며 행동을 절제하고, 말투를 가다듬고 단어를 신중하게 골라 쓸 수도 있다.

메추리나 굴처럼 일단 외양에 품위가 깃들어 있고, 특별한 맛을 지녔으며, 약간의 격식을 차려 먹어야 하는 음식이 있다. 문화적 맥락을 살펴보면 이런 음식은 전통적으로 엄숙하고 의례적인 행사에 쓰였다. 물론 가벼운 식사 문화가 자리를 잡은 지금에서 보자면, 이전 시대의 속물근성과 망자존대를 물리쳤음에 자부심을 가져야 마땅하다. 우리 모두가 얼마나 클럽 샌드위치를 즐기는지 대놓고 말할 수 있을 만큼 세상은 진보했다. 하지만 선조들이 때때로 규칙에 얽매인 식사를 일부러 즐긴 이유를 기억할 필요는 있다. 그건 아마도 자기 자신, 그리고 좀 더 야만적인 자아로부터 거리를 두고 싶었기 때문일 것이다.

메추리나 굴로 막 떠올린 달갑지 않은
생각을 발설하는 걸 막을 순 없다. 다만 약간
자제하는 데는 도움을 준다. 특히 식탁에
촛불이 켜져 있고 아름다운 리넨 냅킨을 올린
상황이라면 더 말할 것도 없다.

메추리 통구이

재료

마늘 2쪽 → 곱게 다지기

레몬 1개 → 강판에 겉껍질 곱게 갈기

이탈리안 파슬리 1다발 → 다지기

올리브유 3큰술

메추리 4마리 → 손질하기

소금과 후추

준비 및 조리: 30분

분량: 4인분

1 오븐을 200°C로 예열한다.

2 믹싱볼에 마늘, 레몬 겉껍질, 파슬리와 올리브유를 넣고 섞는다. 메추리의 겉과 속을 소금과 후추로 간한다.

3 메추리를 통구이팬에 담는다. 믹싱볼에 섞은 양념을 메추리 껍질에 골고루 문질러 바른다.

4 통구이팬을 오븐에 넣고 메추리 허벅지의 가장 두툼한 부위가 최소 70°C에 다다를 때까지 14~18분간 굽는다.

5 오븐에서 통구이팬을 꺼내고 은박지를 덮어 최소 10분간 식힌다. 채소 구이나 아이올리(105쪽 참고) 약간을 곁들이면 완성.

식사는 대부분 둘이나 작게 무리 지어 먹는다. 대체로 2인분에서 많게는 4인분을 기준으로 소개하는 레시피는 과거보다 분화된 현대 사회의 가족 형태를 반영한 결과다.

하지만 그런 우리에게도 공동체의 삶을 생각할 수 있는 측면이 있다. 한 거리에 사는 이웃과 모두 알고 지내고, 큰 도시에서도 익명으로 살아가지 않으며, 획일적으로 커플이나 핵가족(거기에 따르는 모든 피곤함과 자질구레한 문제들을 포함한) 형태로만 살지 않는다. 그리고 마음이 따뜻한 낯선 이들과 정기적으로 식사를 같이한다.

플라톤은『국가』에서 단체 식사에 기반한 이상적인 도시론을 펼친다. 매일 저녁 공동 식탁에 앉아, 부자와 빈자가 함께 식사한다. 낯선 이들이 인사를 나누며 서로를 알게 된다. 이런 문화가 한 세대에서 다음 세대로 전해지면서 불신과 두려움이 가득했던 사회에 충성심이 자라난다.
아마 우리가 플라톤이 말한 단체 식사를 매일 원하지는 않겠지만, 그런 상상은 우리의 영양 결핍 상태를 깨닫게 한다. 사실 인간이란 동물은 수천 년 동안 집단으로 모여 살았으며, 그런 생활 양식 덕분에 혜택을 받아 왔다. 최근에서야 등장한 가족 형태인 커플 혹은 핵가족으로의 생활에는 문제가 없지 않다. 작은 식탁에 둘, 혹은 넷이 앉아 직장 이야기를 나누고 약간의 입씨름을 하다가 각자의 방으로 건너가 책을 읽거나 스마트폰을 들여다보는 생활 양식은 인류 역사 전체에서 고작 몇 분에 비할 수 있는 짧은 시간에 불과하다.

그 결과 우리는 쇠약해졌다. 복작복작한
식탁에서 얻을 수 있는 해방의 기운을 잃고야
말았다. 우리는 우리의 이상과 약점을 공유할
수 있는 친절한 다수에 둘러싸여 불안감과
자의식을 떨쳐 버릴 수 있었다. 아마 많은
혁명이 그렇게 싹을 틔웠을 것이다. 매일 밤
배우자와 함께 식사하는 데 질려서 밖으로
나가 좀 더 너그러운 공동체의 소속감을
느끼고 싶은 사람은 한둘이 아니었을 테니까.

유토피아적인 공동체에서는 무엇을 차려
먹을까? 간단하고 저렴하며 한꺼번에 많이
만들 수 있는 음식이 적합할 것이다. 커다란
냄비에 국자를 담그고, 넘칠 듯 찰랑이는
주전자와 요리가 잔뜩 담긴 접시를 돌린다.
그렇게 소모된 '나'를 구원해줄 무리의
일원으로 구원되어 소속감과 위안을 느낀다.

녹두 타르카

재료

녹두 500g
강황 가루 ½작은술
기(인도 정제 버터) 3큰술
양파 4개 → 곱게 슬라이스
커민씨 1큰술
마늘 5개 → 저미기
겨자씨 1작은술
풋고추 2개 → 세로로 반 가르기
고수 1줌 → 다지기
소금

준비 및 조리: 1시간 30분
분량: 10인분

1 맑은 물이 나올 때까지 녹두를 씻는다.

2 큰 팬에 녹두와 강황 가루를 넣고, 물 2000~3000ml를 받는다. 팬을 불에 올려 끓인다. 물이 끓으면 올라오는 거품은 걷어내고 약불로 줄인다. 큰 팬이 없다면 녹두를 삶으면서 물을 조금씩 나눠 담는다. 이때 녹두가 마르지 않도록 주의한다.

3 녹두를 삶는 동안, 프라이팬에 기의 절반을 넣고 중불에 올린다. 프라이팬이 달궈지면 양파와 커민씨를 넣어 살짝 노릇해질 때까지 볶고, 마늘 절반을 넣어 숨이 죽도록 1~2분간 더 볶는다. 녹두를 넣은 팬에 더해 섞는다.

4 녹두가 크림처럼 부드럽고 매끄러워질 때까지 약불에서 적어도 1시간 익힌다. 너무 걸쭉하다 싶으면 물을 조금 더하고, 입맛에 따라 소금으로 간하고 불에서 내린다.

5 프라이팬에 남은 기 절반을 넣어 달구고, 겨자씨를 넣어 볶는다. 겨자씨가 튀어 오르면 풋고추와 남은 마늘 절반을 넣고 살짝 노릇해지도록 볶는다. 따뜻한 기를 부드러워진 녹두에 더하고 다진 고수를 올리면 완성.

차파티

재료

통밀 가루 140g
중력분 140g(두를 것 별도)
소금 1작은술
식용유 2큰술(두를 것 별도)
따뜻한 물 180ml

준비 및 조리: 30분

분량: 10인분

1 큰 그릇에 통밀 가루, 밀가루, 소금을 더해 섞는다. 식용유와 따뜻한 물을 넣는다. 재료를 치대서 부드럽고 탄력 있는 반죽을 만든다.

2 밀가루를 가볍게 두른 작업대에 반죽을 올리고 매끈해질 때까지 반죽한다. 반죽을 10점으로 나눠 둥글게 빚고 5분간 숙성한다.

3 팬에 식용유 약간을 두르고 중불에 올려 뜨겁게 달군다. 반죽을 한 점씩 얇고 둥글게 밀어서 팬에 올리고 점점이 노릇해지도록 30~40초간 굽는다. 뒤집어서 뒷면도 노릇해질 때까지 20~30초 더 굽는다.

4 팬에서 구운 차파티를 꺼낸다. 차파티에 갈색 반점이 있고 약간 부풀어야 좋다. 남은 반죽도 마저 구워 따뜻할 때 내면 완성.

토마토 처트니

재료

토마토 5~6개
식용유 2큰술
겨자씨 ½작은술
말린 홍고추 2~3개
커리 잎 2장
양파 1개 → 곱게 다지기
소금 1작은술
흑설탕 ½작은술
물 100ml

준비 및 조리: 30분
분량: 4인분

1 토마토 바닥에 십자 모양 칼집을 낸다. 팔팔 끓는 물에 토마토를 넣어 30~60초간 데친다. 데친 토마토는 건져 얼음물에 담근다. 껍질을 벗기고 완전히 식힌다.

2 식은 토마토를 푸드프로세서나 절구와 공이로 갈아 고운 퓌레로 만든다.

3 작은 팬에 식용유를 두르고 강불에 올린다. 팬이 달궈지면 겨자씨를 넣어 몇 초간 볶는다. 홍고추와 커리 잎을 더하고 10초쯤 볶아 향이 피어오르기 시작하면, 양파를 넣어 숨이 죽을 때까지 볶는다.

4 팬에 2번의 토마토퓌레, 소금, 흑설탕, 물을 넣는다.

5 맛이 한데 어우러지도록 10~15분간 끓이면 완성.

4

관계

Relationships

관계

이론적으로 친밀한 관계는 위안과 소속감의 원천이다. 흔히들 잘 맞는 사람만 찾으면 평생 만족을 보장받는다고 낭만적으로 생각한다. 참으로 편리하면서도 강력한 환상이다.

하지만 현실에서는 거의 모든 관계가 골치 아프고 어렵다. 헌신하는 사람으로부터 가장 많은 상처를 받고, 그 반대 역시 마찬가지다. 우리는 다양한 방법으로 서로를 돕지만, 가장 유쾌한 관계의 사람마저도 갈등과 실망을 안기기 마련이다.

좀 더 고전적인 견해에 의하면 이는 당연한 현상이다. 따라서 피할 수 없는 사랑의 문제에 그럭저럭 대처할 수 있는 다양한 기술과 아이디어가 필요하다.

관계에서 음식은 무척 중요하다. 심리적인 영역을 조정하는 수단이기 때문이다. 우리는 어떤 감정을 특히 중요하게 여기거나 특정한 태도를 내세우곤 한다. 음식을 먹으면서 중요한 대화를 시작하거나 어려운 일을 겪었던 자아를 회복시킬 수 있다. 아니면 화해의 제스처나 진실된 사과를 건넬 수도 있으며, 친밀한 분위기를 자아내거나 거슬리는 행동 패턴을 바로잡을 수도 있다.

말만으로는 충분치 않기에 음식은 결정적이다. 음식은 우리 마음속 감정적인 부분과 맞물린다. 음식 덕분에 우리는 의견 충돌이나 진전 없는 논쟁을 뛰어넘을 수 있다. 음식은 직접적으로 말을 하지 않지만, 따뜻하게 위로하고, 달래거나 놀리면서 상대를 매혹시킨다. 음식은 소중히 아껴야 하며, 아마도 내심 그래 왔을 사람을 떠올리는 결정적인 요소인 셈이다.

새롭게 만난 데이트 상대를 저녁 식사에 초대한 상황을 떠올려 보자. 이런 상황을 위한 충고는 엄청나게 많다. 혼자서 떠들지 마라, 재미있고 가볍게 행동해라, 소스가 튈 만한 음식은 피해라, 상대에게 질문하되 억지로 대화를 이끌어내지는 마라, 마늘은 조심해서 사용해라, 좋은 신발을 신어라 등등.

이런 자리라면 당연히 신경이 곤두서기 마련이다. 우리의 목적은 이상하고도 어려운 일, 즉 상대를 유혹하는 것이다. 상대를 꾀어 침대에 눕힌다는 편협하고 (잠재적으로 불길한) 의미가 아니라, 상대가 우리를 좋아하게끔 만드는 넓고 근본적인 의미에서 그렇다.

데이트는 본질적으로 오디션이다. 우리가 인정하는 것 이상으로 우리는 서로를 미래의 장기적인 파트너로 상상한다. 그렇기에 유혹은 넓고 중요한 의미에서 우리가 관계를 맺을 만한 상대임을 천천히 설득시키는 행위를 말한다.

문제의 핵심은 다음과 같다. 이런 관점에서 우리는 상대에게 무엇을 보여줄 수 있을까? 그들을 끌어들이려면 무엇을 해야만 할까?

우선 두 가지 중요한 과제가 있다. 첫째는 우리가 자기 자신과 좋은 관계를 유지하고 있음을 보여주는 것이다. 물론 그렇다고 해서 우리가 얼마나 좋은 사람인지, 우리의 삶이 얼마나 즐거운지 직접적으로 말해야 한다는 건 아니다. 특별한 무언가를 준비할 필요도 없다. "저는 파리의 박물관들을 사랑해요"라거나 "저는 부야베스를 아주 맛있게 만들어요"와 같은 말로도 매력을 어필할 수 있다. 하지만 그런 말들은 우리가 매일매일을 즐겁게 (혹은 그저 참아낼 정도로) 같이 살 만한 상대인지 알려주지는 않는다.

오히려 우리를 잠재적 파트너로서 매력적으로 만드는 건 자신의 결점을 인정하는 태도에 달렸다. 자신의 흠을 일부러 드러내야 한다는 말이 아니다. 가령 파스타를 너무 익혀서 화가 났거나 절친에게 실망해 눈물을 흘린다든지, 또는 일 년 전 직장에서 모욕당한 일을 가지고 첫 번째 코스 내내 이야기하는 상황을 가정해 볼 수 있다. 이처럼 꾸미지 않고 약점을 드러내는 태도가 상대방에게 매력적으로 보일 수 있다.

우리가 얼마나 능숙하게 약점을 다루는지 보인다면, 우리를 진짜 상냥하고 매력 있는 잠재적 파트너라고 강력하게 어필할 수 있다. 예를 들어 약간의 자신감과 재치를 가지고 이렇게 말하는 것이다. "이 파스타 레시피를 알려드려도 괜찮을지 잘 모르겠네요. 어릴 때 어머니가 알려준 건데요, 이런 자리에 내면 괴짜나 철이 덜 든 사람처럼 보일까 봐요." 이는 통찰력과 용기를 동시에 보여줌으로써 당신을 매력적으로 보이게 만든다. 이런 식사 자리에서 우리는 단순히 긴장만 하고 있지는 않는다. 상처가 될지도 모를 불안을 살피고 그것을 가볍게 다룰 능력도 가지고 있다.

매력적으로 보이는 두 번째 방법은 우리가 상대방을 친절하면서도 현실 감각을 지닌 존재로 여긴다고 신호를 보내는 것이다. 경외의 눈길로 보면 상대를 엄청나게 매력적이고 성공한 사람으로 보는 셈이니 유혹할 수 있을 거라 생각한다. 하지만 놀랍게도 경외의 대상이 되는 건 부담스러운 일이다. 누구나 속으로는 자신이 갈채를 받을 자격이 없으며, 종종 무너지고 처량하기 그지없음을 알기 때문이다.

상대방을 좋아하지만, 완전무결한 존재로 여기지는 않는 태도가 핵심이다. 즉, 상대방의 다양한 모습에 유연하게 대처하고 관용을 베풀 준비가 되어 있다고 암시하는 것이다. 저녁 식사가 끝날 무렵, 상대방의 완벽하지 않은 구석을 이해했다는 신호를 작고 따뜻한 농담으로 건넬 수 있다. 무해한 미소를 지으며 이렇게 묻는 것이다. "가끔은 혼자 이불 속에서 울기도 했겠네요?"

그런 제스처는 상대방을 향한 진심을 암시한다. 동시에 흠잡을 데 없는 이상적인 완벽을 동경하지 않으며, 누구나 가지고 있는 저마다의 결점에 공감하는 마음을 가졌다고 말해준다. 상대를 안심시키는 언행이 바로 유혹이다. 그런 제스처는 진짜 힘든 상황에서 우리가 어떤 사람인지 알 수 있는 이상적인 방법을 제안한다. 우리는 감탄 섞인 존경이 아니라 진정 어린 이해 속에서 사랑받고 용서받기를 동시에 갈구한다.

찰나의 흥분은 흔하지만 자기 이해와 통찰력에 기댄 너그러움은 드물기에 더없이 유혹적이다. 그 두 가지 요소가 관계를 유지하도록 만든다. 또한, 그것들은 첫 데이트 이후 흥미진진하며 아름답지만, 종종 고통스러운 길고 긴 여정을 시작하기에 필요한 무언가를 우리가 가지고 있다고 말해준다.

새우, 마늘과 레몬 탈리아텔레

재료

탈리아텔레 300g
엑스트라버진 올리브유 2큰술
마늘 2쪽 → 곱게 다지기
새우 300g → 껍데기와 내장 제거하기
파르메산치즈 50g → 강판에 갈기
레몬 ½개 → 겉껍질 강판에 갈고 착즙하기
곱게 다진 이탈리안 파슬리 3큰술
소금과 후추

준비 및 조리: 25분
분량: 2인분

1 큰 냄비에 물을 받아 소금을 넣고 끓인다. 탈리아텔레를 넣어 심이 약간 씹힐 정도(알 덴테)로 10분간 삶는다.

2 면을 삶는 사이 팬에 올리브유를 두르고 중불에 올려 뜨겁게 달군다. 마늘과 새우를 더해 새우가 분홍색을 띠도록 2분간 볶고, 팬을 불에서 내린다.

3 탈리아텔레가 다 삶아지면 면수를 약간만 남기고 따라 버린다. 팬에 삶은 탈리아텔레를 더하고 팬을 다시 중불에 올린다.

4 팬에 파르메산치즈와 면수 약간을 더해 윤기가 돌 때까지 휘저으며 익힌다. 너무 뻑뻑하다 싶으면 면수를 더한다.

5 레몬즙과 레몬 겉껍질을 더해 잘 섞고 입맛에 따라 소금과 후추로 간한다. 그릇에 나눠 담고 다진 파슬리를 흩뿌려 얹으면 완성. 바로 내야 맛있다.

우리가 얼마나 능숙하게
약점을 다루는지 보인다면,
우리를 진짜 상냥하고 매력 있는
잠재적 파트너라고 강력하게
어필할 수 있다.

초콜릿 무스

재료

다크초콜릿(카카오 함량 70% 이상) 60g
→ 다지기

달걀 2개

럼 15ml(선택 사항)

준비 및 조리: 15분

냉장 보관: 2시간

분량: 2인분

1 내열성 그릇에 초콜릿을 넣고 끓는 물이 담긴 냄비 위에 올린다. 럼을 사용한다면 이때 넣는다. 초콜릿이 매끄럽고 고르게 녹으면 그릇을 끓는 물에서 내려 잠시 식힌다.

2 달걀을 흰자와 노른자로 분리한다. 달걀노른자를 녹인 초콜릿에 넣고 부드럽고 윤기가 날 때까지 젓는다.

3 달걀흰자를 부드럽게 올라오는 뿔이 생길 때까지 휘젓는다. 휘저은 달걀흰자를 초콜릿 혼합물에 넣고 금속 숟가락으로 부드럽게 포개듯이 섞는다.

4 만든 무스는 숟가락으로 떠서 병에 옮겨 담는다. 먹기 전에 적어도 2시간 이상 차게 식히면 완성.

짝사랑의 고통에는 종종 확신이 딸려 온다. 짝사랑 상대가 우리의 미소에 화답한다면, 또는 저녁을 함께 먹거나 나와 결혼한다면 그보다 더한 기쁨은 세상에 없을 거라는 확신이다. 완전한 행복이 손에 잡힐 듯하지만, 실상은 환장할 정도로 멀리 있다.

짝사랑의 현실을 자각할 때면 밖에 나가서 술이나 한잔 마시고 짝사랑 따윈 잊으라는 충고를 듣는다. 상대는 관심조차 없으므로 열중할 만한 다른 일이나 상대를 찾으라는 말이다. 하지만 이런 조언은 친절할지언정 적절하지는 않다. 사랑을 치료하는 방법은 손에 닿지 않는 상대를 그만 떠올리는 게 아니다. 그들이 진정 어떤 사람인지 더 격렬하고도 건설적으로 생각하는 데 있다.

우리는 밖에 나가지 말고 집에서 짜디짠 눈물과 완벽하게 어울리는 생선 요리를 준비해야 한다. 생선을 먹으면서 가까이에서 들여다보면 모든 인간이 골칫거리라는 점을 상기해야 한다. 우리 모두는 선입견을 갖고 있다. 성질은 급하고 허황되며, 기만적이고 천박하다. 지나치게 감성적이면서 불분명하다. 평소에는 차가우면서 때때로 지나치게 감정적이고, 심지어 혼란스럽기도 하다. 짝사랑 상대 역시 나와 같은 인간이라고 생각하지 못하는 건, 그저 상대에 대한 지식이 부족한 결과일 따름이다.

우리는 몇몇 외적인 매력만 보고, 짝사랑 상대가 기적적으로 인간의 단점을 지니지 않았다고 단정한다. 현실은 당연하게도 그러한 기대와 전혀 다르다. 그저 상대를 제대로 알지 못했을 뿐이다. 짝사랑을 그토록 격렬하고 지독하게 지속시키는 요인이다. 상대에 대한 부족한 정보가 우리를 상대와 가까워지지 못하게 차단함으로써, 상대는 사랑의 선물과 같은 카타르시스와 자유로움을 통해 우리가 그들에게 질려 버리지 못하게 막는다.

우리는 매력을 알기 때문이 아니라, 단점을 몰라서 상대에게 집착한다. 그러므로 짝사랑을 치료하는 방법은 간단하다. 그들을 조금 더 알면 된다. 상대를 알면 알수록 그들은 우리가 가진 문제의 해답이 아니라는 사실이 분명해진다. 상대가 자질구레하게 타인을 짜증 나게 하는 경우를 수도 없이 발견한다. 또, 우리를 무의미하게 만드는 것들이 얼마나 완고하고 부정적이며, 차갑고 아픈지 알 수 있다. 이처럼 상대를 알게 되면, 상대 역시 타인들과 다르지 않고 똑같은 인간이라는 점을 깨닫고 만다.

타인의 온전한 모습을 확인하면 짝사랑의
열정은 사그라든다. 짝사랑을 향한 숭배가
살면서 자연스럽게 쌓이는 인식으로
파괴되는 것이다. 짝사랑이 잔인한 이유는
사랑받지 못하기 때문이 아니라, 우리를
결코 실망시키지 않을 사람에게 충족될 수
없는 희망을 품기 때문이다. 짝사랑은 우리를
해방시킬 정보가 부족한 탓에 계속해서
누군가를 믿도록 만들기에 잔인한 것이다.
직접적인 치료법이 없다면, 상상력을 동원해
치료법을 취해야 한다. 상대 역시 종내에는
짜증 나는 인간이라는 사실을 받아들이는
것이다. 사실이 그렇지 않은가? 그들을
정확히 알아서가 아니라, 그들도 인간이므로
다른 이들과 다르지 않다는, 다소 어둡지만
신나는 사실을 직시할 필요가 있다.

흑도미 소금옷 구이

재료

흑도미 1마리 → 손질하기
파슬리 4대
말린 타임 1작은술
말린 로즈마리 ½작은술
굵은 소금 1½kg
달걀흰자 4개분
후추
레몬 1개 → 반달썰기

준비 및 조리: 1시간
분량: 2인분

1 도미를 흐르는 물에 씻고 키친타월로 물기를 제거한다. 도미 겉과 속을 후추로 간한다. 파슬리를 씻고 물기를 털어내 생선 뱃속에 채워 넣는다.

2 오븐을 220°C로 예열한다.

3 큰 그릇에 타임, 로즈마리, 소금을 넣는다. 달걀흰자를 부드럽게 올라오는 뿔이 생길 때까지 휘젓고, 앞의 그릇에 넣어 포개듯 섞는다. 너무 뻑뻑하다 싶으면 물을 약간 넣는다. 베이킹트레이에 유산지를 두르고, 달걀흰자를 섞은 혼합물 절반 분량을 올린 뒤 생선을 얹는다. 남은 혼합물을 올려 생선을 완전히 덮고, 단단하게 눌러 틈새가 없도록 메운다.

4 베이킹트레이를 오븐에 넣어 25~30분간 굽고, 꺼내서 생선을 감싼 껍데기를 깬다. 생선살만 발라 깍지 콩 샐러드(다음 쪽 참고)와 썬 레몬을 곁들이면 완성.

깍지 콩 샐러드

재료

깍지 콩 150g → 양쪽 끝 다듬기
적양파 ½개 → 얇게 슬라이스
엑스트라버진 올리브유 1큰술
레몬즙 ½개분
디종 머스터드 1작은술
방울토마토 6~8개 → 반으로 가르기
소금과 후추
페타치즈 30g(선택 사항)

준비 및 조리: 30분
냉장 보관: 1시간
분량: 2인분

1 큰 냄비에 물을 받아 끓인다. 깍지 콩을 넣고 부드러워질 때까지 4~5분간 삶는다.

2 깍지 콩을 건져 찬물에 담가 식힌다. 깍지 콩이 식으면 양파와 함께 그릇에 담는다.

3 올리브유, 레몬즙, 머스터드를 깍지 콩과 양파에 끼얹어 버무린다. 냉장고에서 1시간 이상 재운다. 토마토를 곁들이고 입맛에 따라 소금으로 간하면 완성. 짠맛을 좋아한다면 페타치즈를 점점이 얹어 먹는다.

‘참사랑이란 무엇일까?’

흥미롭게도, 우리는 사랑을 단 하나의 개념처럼 말한다. 하지만 사랑은 받거나 주는 두 형태로 나뉜다. 관계는 사랑을 건넬 준비가 되어 있고, 사랑받는 일의 부자연스럽고 미성숙한 집착을 인식할 때에만 성립되는 것처럼 보인다. 어린 시절 부모가 그랬던 것처럼, 침대에 있는 애인에게 음식을 가져다주는 행위는 사랑을 건네는 가장 확실한 증거이다.

우리는 사랑을 받기만 하는 데 익숙한 채 삶을 시작한다. 잘못된 것 같지만 대체로 그렇다. 아이는 부모가 언제나 자신을 위로하고 즐겁게 만들며, 먹이고 씻길 준비가 되어 있다고 느낀다. 물론 따뜻하고 밝은 태도는 기본이다. 부모는 얼마나 자주 입술을 깨물고 눈물을 삼키는지, 얼마나 피곤한지 드러내지 않는다. 하루 종일 육아에 지쳐 옷조차 벗지 못해도, 그들은 그저 음식이 담긴 접시를 아이의 침대 맡에 두고선 머리를 쓰다듬을 뿐이다.

이처럼 우리는 상호 불평등한 맥락에서 처음 사랑을 배운다. 부모의 사랑은 내리사랑이다. 베푼 것과 동일하게 사랑을 돌려받기를 바라지 않는다. 자식들이 으리으리한 저녁을 대접하지 않아도, 꼭 필요한 휴식을 권하지 않더라도 부모는 화를 내지 않는다. 부모와 자식은 서로 사랑하지만 각각 대척점에 자리 잡고 있고, 자식만 그걸 모를 뿐이다.

그래서 성인이 되어 처음으로 사랑을 갈구할 때, 우리는 부모에게 받았던 일방적이고 불균형한 사랑을 기대한다. 성인이 되어서도 철부지처럼 남에게 응석을 부리고자 하는 셈이다. 내가 필요하다면 무엇이든 제공하고, 엄청난 공감과 인내로 대해주며 언제나 이타적인 태도로 상황을 알아서 개선해주길 마음속으로 은근히 바라는 것이다.

그런 생각이 관계를 망친다. 어떤 관계에서든
우리는 어린 시절 받기만 했던 입장에서
벗어나 부모의 입장으로 나아가야 한다.
필요하다면 타인을 위해 자신의 욕구를
다스리는 일도 마다하지 않아야 한다.

사랑에 빠진 어른이 되려면 무언가 놀라운
일을 할 줄 알아야 한다. 이를테면 타인을
자신보다 우선으로 생각하며, 침대 맡에
맛있는 음식이 담긴 접시를 가져다주는 일
말이다.

오븐 구이 달걀과 길게 썬 버터 토스트

재료

버터 45g → 상온에 두어 부드럽게 만들기

달걀 2개

곱게 다진 처빌 1큰술

곱게 다진 차이브 1큰술

소금과 후추

곁들이

통밀, 혹은 좋아하는 식빵 2쪽

준비 및 조리: 25분

분량: 2인분

1 오븐을 180°C로 예열한다. 라메킨 두 개를 제과제빵팬에 담고 각각 안쪽에 버터를 15g씩 바른다.

2 제과제빵팬에 뜨거운 물을 라메킨 바로 밑까지 붓는다.

3 각 라메킨에 달걀을 한 개씩 깨서 담고 허브를 솔솔 뿌린다. 소금과 후추로 간한다.

4 제과제빵팬을 오븐에 넣어 흰자는 완전히 익고 노른자는 흐를 정도로 8~10분간 굽는다.

5 달걀을 오븐에서 꺼내 두고, 빵을 토스터나 뜨거운 그릴에 굽는다.

6 토스트에 남은 버터를 펴 바르고 길게 썬다. 오븐에서 구운 달걀을 곁들이면 완성.

블루베리 팬케이크

재료

중력분 275g

베이킹파우더 2작은술

백설탕 1큰술

소금 ¼작은술

달걀 2개 → 상온에 두기

우유 375ml

식용유 60ml

바닐라 추출액 1작은술

블루베리 100g(고명은 별도)

버터 30g → 깍둑썰기

꿀 또는 메이플시럽 약간

준비 및 조리: 25분

분량: 2인분

1 밀가루, 베이킹파우더, 설탕, 소금을 체로 내려 그릇에 담는다.

2 계량컵에 달걀, 우유, 식용유, 바닐라 추출액을 담고 거품기로 휘저어 완전히 섞는다. 앞의 밀가루 혼합물에 붓고, 계속 휘저으며 매끈하고 묽은 반죽을 만든다. 블루베리를 더해 잘 섞는다.

3 논스틱팬에 버터를 넣고 중불에 올려 뜨겁게 달군다. 버터가 녹으면 팬을 가볍게 기울여 바닥면 전체에 골고루 입힌다.

4 팬에 적절한 간격을 두고 반죽을 올린다. 팬에 닿는 면이 노릇하게 익을 때까지 2~3분간 부친다.

5 팬케이크를 뒤집어 1분간 더 익힌 뒤 미끄러트려 접시에 옮겨 담는다. 식지 않도록 은박지로 가볍게 덮는다.

6 앞의 과정을 되풀이해 남은 반죽을 마저 부친다.

7 팬케이크를 접시에 쌓고 블루베리를 흩뿌린다. 팬케이크 위에 꿀이나 메이플시럽을 졸졸 끼얹으면 완성.

우리가 같이 살기 어려운
존재라는 사실을 인정하는 것은
어른이 되었다는
하나의 신호이다.

어느 누구도 완벽한 애인을 필요로 하지는 않는다. 우리에게 정말 필요한 건 내 부족함을 이해받고, 이에 대해 차분히 대화할 수 있으며, 실제로 선을 넘었을 때 적용 가능하다는 감각이다.

우리가 같이 살기 어려운 존재라는 사실을 인정하는 것은 어른이 되었다는 하나의 신호이다. 모두가 그렇다. 다만 까다로운 정도가 다를 뿐이다.
따라서 정기적으로 함께 식사하고, 아직도 후회되는 행동을 이야기하면서 마음을 달랠 준비를 해야 한다.

괴팍한 인테리어 취향을 인정하거나, 개인의 취향을 무시하는 의견을 듣는 건 분명히 짜증 날 만큼 고통스럽다. 또는 지나치게 일에 매달렸음을 털어놓을 수도 있다. 택시를 얼만큼 기다리게 만들어도 괜찮은지, 밤에 침실 창문을 열어 놓아야 할지, 아이들이 몇 시에 잠자리에 드는 게 좋은지에 대해 고집 부렸음을 고백하고 사과하는 방법도 있다(한번 이야기를 늘어놓기 시작하면 끝이 없을 것이다).

우리가 어떤 부분에서 융통성이 없었고 또 다른 어떤 부분에서 요구 사항이 많았는지 인정한다고 모든 쟁점이 해결되지는 않는다. 하지만 적어도 분위기 전환은 가능하다. 우리가 함께하기 얼마나 까탈스러운지 사과하는 일을 결코 끝내서는 안 되는 이유이다.

도셋 돼지고기와 사이다 캐서롤

준비 및 조리: 2시간 50분

분량: 4인분

재료

식용유 2큰술
판체타 150g → 깍둑썰기
돼지 목살 1.2kg → 5cm 두께로 썰기
버터 60g
양파 2개 → 대강 썰기
중력분 2큰술
달지 않은 사이다 400ml
닭 육수 400ml
다진 세이지 2큰술(고명은 별도)
셀러리 줄기 2대 → 대강 슬라이스
당근 1개 → 대강 슬라이스
사과 1개 → 씨 발라내고 깍둑썰기
홀그레인 머스터드 2큰술
생크림 3큰술
소금과 후추

1 오븐을 170°C로 예열한다.

2 큰 캐서롤 접시에 식용유 1큰술 두르고 중불에 올린다. 접시가 뜨겁게 달궈지면 판체타를 넣고 노릇해지도록 6~8분간 볶는다. 익은 판체타는 키친타월을 두른 접시 위에 올려 기름기를 제거한다.

3 캐서롤 접시에 남은 식용유 1큰술을 두르고 중불에 올린다. 접시가 달궈지면 소금과 후추로 간한 돼지고기를 여러 차례로 나눠 노릇하게 지진다. 판체타와 같은 접시에 올려 기름기를 제거한다.

4 캐서롤 접시에 버터 30g을 녹이고 양파를 더해 노릇해지도록 8~10분간 볶는다. 밀가루를 솔솔 뿌리고 가끔 뒤적이며 2분간 볶는다.

5 캐서롤 접시에 기름기를 제거한 판체타와 돼지고기, 사이다, 육수, 세이지를 더한다.

6 뚜껑을 덮어 불에 올리고, 끓기 시작하면 오븐으로 옮겨 1시간 30분간 익힌다.

7 오븐에서 캐서롤 접시를 꺼내 셀러리, 당근, 사과를 더한다. 다시 뚜껑을 덮고 오븐에 넣어 돼지고기와 채소가 부드럽게 익도록 30분간 더 익힌다.

8 오븐에서 캐서롤 접시를 꺼내 중약불에 올린다. 남은 버터와 머스터드, 생크림을 넣고 끓인다.

9 입맛에 따라 소금과 후추로 간하고 세이지 이파리를 얹으면 완성.

코코넛 크림을 얹은 가지 구이 커리

재료

바스마티(인도) 쌀 250g

고수씨 2큰술

커민씨 1큰술

식용유 4큰술

바나나 살롯 2개 → 곱게 다지기

마늘 3쪽 → 다지기

풋고추 2개 → 곱게 다지기

생강 1개 → 곱게 다지기

순한 커리 가루 1작은술

붉은 커리 페이스트 2큰술

코코넛밀크 400ml

가지 1개

라임 1개 → 착즙하기

타이 바질 1다발

소금과 후추

준비 및 조리: 1시간 5분

분량: 4인분

1 쌀을 씻어 미지근한 물에 불린다.

2 식용유를 두르지 않은 프라이팬에 고수씨와 커민씨를 넣고, 중불에 올려 향이 피어 오를 때까지 볶는다.

3 볶은 고수씨와 커민씨를 절구에 담아 공이로 곱게 간다.

4 웍이나 높이 올라온 냄비에 식용유 2큰술을 두르고 중불에 올려 달군다. 샬롯, 마늘, 소금 1자밤을 넣고 숨이 죽을 때까지 볶는다. 풋고추와 생강을 넣고 마저 볶는다.

5 커리 가루 및 커리 페이스트를 넣고 종종 저으면서 2분간 볶는다. 코코넛밀크를 넣고 살짝 걸쭉해질 때까지 5분간 보글보글 끓인다. 입맛에 따라 소금과 후추로 간한다.

6 불린 쌀을 건지고 바닥이 두꺼운 냄비에 물 750ml을 담아 불에 올린다. 물이 끓으면 소금 1작은술과 쌀을 넣는다. 뚜껑을 덮고 약불에서 쌀이 물기를 다 흡수하고 부드러워지도록 20~25분간 밥을 짓는다. 밥이 다 되면 불을 끄고 뜸을 들인다. 내기 직전에 포크로 밥을 뒤집어 부풀린다.

7 가지를 0.5cm 두께로 길게 썬다.

8 번철에 남은 식용유를 두른다. 가지에 식용유를 바르고 소금과 후추로 간한다. 번철에 가지를 올려 양면 모두 부드럽고 살짝 노릇해지도록 5~6분간 지진다.

9 구운 가지를 접시에 가지런히 담는다. 커리가 식었다면 데워 가지 위에 올린다.

10 입맛에 따라 커리에 라임즙을 넣어 밥에 곁들이고, 바질 이파리를 올리면 완성.

‘어떻게 품위를 잃지 않고
토라진 마음을 거둘까?’

우리는 잘못된 희망을 품는 탓에 삐친다. 입을 다물고 말하기를 거부하는 이유는 우리가 조목조목 밝히지 않더라도 상대방이 알아서 이해해주기를 바라기 때문이다.

낭만적인 감각을 발휘해 해석하자면, 우리가 침묵을 지키고 굳게 입을 다무는 이유는 다름 아닌 사랑에 있다. 이에 따르면 상대방의 잘못을 조목조목 따지는 일은 사랑의 정신에 위배된다. 설명이 필요한 관계는 설명할 가치가 없는 관계라는 의미이다. 진정한 사랑이란 진 빠지게 조목조목 설명하는 게 아니라, 상호 간의 빠른 직관에 의지한다는 말이다.

이런 주장은 논리적으로 보이지만 한 가지 오류가 있다. 우리는 상대방이 내 생각을 마술처럼 읽을 수 없다는 사실을 잊는다. 우리의 감정이나 생각은 자신에게는 명백하지만, 우리 마음 바깥에 자리한 이들에게는 전혀 그렇지 않다.

화를 낼 만한 상황이라고 하더라도 마음속 한구석에서는 내가 아이처럼 유치하게 굴고 있음을 안다. 결국에는 토라진 마음을 거둘 테지만 그 과정은 조금 겸연쩍기 마련이다. 우리는 그 문제를 세세하게 해결할 마음의 준비가 부족하다. 그저 빨리 지나쳐 버리고 싶을 뿐이다.

그럴 때 음식이 유용한 묘책을 제공한다. 사랑하는 이에게 음식을 제공함으로써 먹먹한 침묵을 깨는 것이다. 화가 났다고 인정한다거나 기분이 상했다고 부정하지 않으면서도 좀 더 훈훈하게 다가가는 방법이다. 현재의 자신에게서 찾기 어려운 부드러움과 아낌없는 너그러움을 음식으로 대신해 토라진 상태에서 벗어날 수 있다. 말하자면 음식은 사절단으로서 대놓고 말하기 어려운 화해를 상대방에게 속삭인다.

소파에 앉아 좋아하는 TV 드라마를 보면서 한 접시에 담긴 음식을 나눠 먹는다면 효과는 더욱 커진다. 많은 말이 필요 없다. 접시에 놓인 음식을 통해 근본적인 관계를 조용히 회복하고, 당면한 문제를 함께 극복하리라는 신호를 보낸다.

수란과 폴렌타

재료

우유 300ml
물 300ml
폴렌타 가루 또는 고운 콘밀 70ml
버터 15g → 깍둑썰기
파르메산치즈 가루 1큰술
화이트와인 식초 1큰술
달걀 2개
엑스트라버진 올리브유 약간(고명용)
소금과 후추

준비 및 조리: 1시간 20분
분량: 2인분

1 큰 냄비에 우유와 물을 받아 보글보글 끓인다. 폴렌타 가루를 넣으면서 천천히 휘저어 멍울지지 않도록 주의한다. 폴렌타 가루를 다 넣으면 불 세기를 높인다.

2 폴렌타가 부글부글 끓기 시작하면 불을 아주 약하게 줄이고, 걸쭉해질 때까지 40~50분간 보글보글 끓인다. 눌어붙지 않도록 가끔 스패출러로 젓는다.

3 폴렌타가 다 익으면 버터와 파르메산치즈를 차례로 넣는다. 입맛에 따라 소금과 후추로 간하고 뚜껑을 덮어 따뜻하게 둔다.

4 큰 냄비에 물을 받아 중불에서 보글보글 끓인다. 작은 컵에 식초를 넣고 달걀을 깨서 담는다. 보글보글 끓는 물에 달걀을 빠르게 미끄러트려 넣고 3분간 삶아 수란을 만든다. 구멍 국자로 수란을 건지고 키친타월을 깐 접시 위에 올려 물기를 제거한다.

5. 그 사이 폴렌타가 식었다면 약불에서 데워서 작은 그릇에 나눠 담는다. 폴렌타 위에 수란을 올리고 소금과 후추로 간한다. 올리브유 약간이나 살사 베르데(57쪽), 호두 페스토(90쪽)를 올리면 완성.

그것으로 모든 상황이 바뀌지는 않겠지만, 적절한 요리를 통해 함께 장난을 치며 놀던 기분을 다시 삶의 전면으로 끌고 온다는 게 핵심이다.

'함께 있어도 더 이상 재미있지 않아…'

예전에는 꽤 재밌게 놀았다. 무책임하고, 유치하거나 바보 같은 행동을 함께하곤 했다. 서로에게 장난을 치면서 철없는 모습을 보이는 일에 거리낌이 없었다. 상대가 그런 모습을 꼬투리로 잡고 힐난하지 않으리라 믿었고 안전하다고 느낄 수 있었다.

하지만 오랫동안 관계를 유지하다 보면 책임도 덩달아 늘어난다. 관계 유지하기는 작은 사업을 함께 꾸려 나가는 것과 흡사하다. 일단 경제적이고 현실적인 문제들이 서로의 삶에 뒤얽혀 중요한 결정을 함께 내리는 상황이 많아진다. 은연중에 진심이 담긴 비판이 덩치를 키우면서, 이제는 더 이상 예전처럼 농담을 주고받기가 쉽지 않다. 한때는 그냥 지나쳤던 말에도 가시가 느껴지고 뒷맛이 쓸쓸하기만 하다.

음식에는 잠자고 있던 감정을 깨우는 힘이 있다. 우리의 뇌는 자극과 연결된 감정을 일깨우므로, 음식을 활용해 과거의 즐거웠던 기분을 상기시키는 일이 얼마든지 가능하다. 그것으로 모든 상황이 바뀌지는 않겠지만, 적절한 요리를 통해 함께 장난을 치며 놀던 기분을 다시 삶의 전면으로 끌고 온다는 게 핵심이다.

함께 퐁듀를 먹는 즐거움은 꽤나 쏠쏠하다. 꼬치로 칼싸움을 할 수도, 빵을 담갔다가 꺼내며 치즈를 얼마나 길게 늘이는지 경쟁할 수도 있다. 물론 바보 같아 보일 테다. 하지만 중요한 건 마침내 혼자가 아니라 둘이 함께라는 것이다.

퐁듀

재료

마늘 1쪽 → 으깨기
달지 않은 화이트와인 250ml
옥수수 가루 ⅔큰술
브랜디나 키르슈 1큰술
에멘탈치즈 125g → 강판에 굵게 갈기
그뤼에르치즈 200g → 강판에 굵게 갈기
소금과 후추
사워도우 → 깍둑썰기

준비 및 조리: 25분
분량: 2인분

1 퐁듀 냄비나 바닥이 두꺼운 캐서롤에 으깬 마늘을 문지른 뒤 버린다.

2 와인을 붓고 중불에 올려 보글보글 끓인다. 그 사이 작은 그릇에 옥수수 가루와 브랜디(혹은 키르슈)를 담아 섞는다.

3 뭉치지 않도록 지그재그로 저으면서 냄비에 치즈를 서서히 더한다.

4 치즈가 완전히 녹아 크림처럼 매끄러워지도록 계속 휘젓는다. 퐁듀가 끓어오르지 않도록 주의한다.

5 그릇에 담은 옥수수 가루와 브랜디를 서서히 퐁듀에 더한다. 걸쭉해질 때까지 5~7분간 더 끓인다. 먹을 준비가 되면 입맛에 따라 소금과 후추로 간한다.

6 뜨거울 때 깍둑썬 사워도우를 곁들이면 완성.

'애인 곁에서
계속 인내심을 유지할 수 있을까?'

아이들은 말도 안 되게 행동한다. 부모에게 소리를 지르거나 성질을 내며 파스타 접시를 밀어내고 애써 챙겨준 물건을 집어 던진다. 하지만 아이들에게는 나쁜 의도가 없으므로 대놓고 화를 내거나 상처를 받지 않는다. '피곤해서 그랬을 거야, 씹던 껌이 너무 시큼해서 그런지도 모르지. 아니면 동생이 태어나서 그럴 수도 있고.' 이런 식으로 우리는 아이들을 너그럽게 이해하려고 애쓴다. 우리에게는 이미 아이들의 행동에 허둥지둥하거나 화가 나지 않게 만드는 그럴싸한 레퍼토리가 잔뜩 있다.

반면 성인, 특히 애인에게는 이와 정반대로 대하는 경향이 있다. 흔히 상대가 일부러 내 성질을 건드린다고 생각한다. 예를 들어 상대가 내 어머니의 생일 자리에 '일' 때문에 늦게 오면, 핑계를 댄다고 여긴다. 치약을 사오기로 했는데 '잊었다'면, 일부러 그랬을 거라고 쉽게 넘겨짚는다.

만약 아이를 대하듯 애인을 대한다면 결과는 얼마든지 달라질 수 있다. '지난밤에 잠을 못 자고 너무 피곤해서 생각을 제대로 못 했겠지. 아니면 무릎이 욱신거려서 그랬을 거야. 부모에게나 가능한 인내의 한계를 시험하는 것일지도 몰라.' 이런 각도에서 본다고 성인의 모든 행동이 극적으로 나아지거나 용납되지는 않겠지만, 흥분을 가라앉히는 데에는 도움이 될 것이다. 아이에게 친절해야 한다고 가르치는 세상에 사는 건 감동적인 일이다. 만약 그 감동을 확장시켜 사랑하는 이의 아이 같은 면모까지 너그럽게 감싼다면 세상은 사뭇 나아질 것이다.

아이를 바라보는 시선으로 어른을 바라보는 건 상대를 향한 최고의 배려이다. 어린 시절 좋아했던 음식이 무엇인지 물어 보고, 설사 너무 애들처럼 대한다는 기분이 들더라도 좋아하는 음식을 그냥 만들어주자. 우리는 상대방을 나보다 어리게 여기는 태도를 너무나도 부정적으로 받아들인다. 이는 중요한 사실을 종종 잊는 탓이다. 보채기는 하지만 내면의 선한 아이 같은 모습을 보려 하고, 용서하고, 나아가 음식을 만들어주면서 성인인 상대를 지금 모습 너머로 보는 것이 실상 엄청난 호의라는 점을 말이다.

브레드 푸딩

재료

식빵 8쪽
버터 55g
건포도 150g
계핏가루 1작은술
우유 400g
달걀 2개
가루 설탕 55g

준비 및 조리: 1시간 20분
분량: 4인분

1 1000ml들이 제과제빵팬에 버터를 살짝 바른다.

2 빵의 한 면에 버터를 바르고 대각선으로 썬다. 제과제빵팬에 버터가 발린 면이 위로 오도록 빵을 올리고, 건포도를 올린 뒤 계핏가루를 뿌린다. 같은 순서로 반복해서 빵을 쌓고, 마지막으로 빵을 올린다.

3 팬에 우유를 받아 약불에서 끓기 직전까지 데운다. 우유가 끓어 넘치지 않도록 주의한다.

4 그릇에 달걀과 설탕 ¾분량을 넣고 색이 연해지고 거품이 올라오도록 휘젓는다.

5 여기에 데운 우유를 섞어 커스터드를 만든다. 커스터드를 켜켜이 쌓은 빵에 붓고 남은 설탕을 솔솔 뿌린다. 그대로 30분간 둔다.

6 오븐을 180°C로 데운다.

7 제과제빵팬을 오븐에 넣어 30~40분간 굽는다. 커스터드가 굳고 푸딩 윗면이 노릇해지면 오븐에서 꺼낸다. 가루 설탕을 체로 내려 솔솔 뿌리면 완성.

'애인에게 고마운 마음을 유지하는 방법'

매일매일 받는 압박과 끝없이 터지는 자잘한 사건과 사고 탓에 늘 마음에 새기기 어렵지만, 애인은 여러 갈래로 우리에게 큰 도움이 되어준다. 당장 지난 24시간 동안은 없어 보일 수도 있지만, 함께 보낸 세월을 돌아보면 언제나 큰 보탬이 되었다. 공동 재산에 크게 기여했을 수도 있고, 우리 성격 탓에 터질 수 있는 불상사를 사전에 봉합했을지도 모른다. 그의 따뜻함과 상냥함에 기대어 어려운 시기를 무사히 넘기고, 가벼움을 가장한 격려에 용기를 얻기도 여러 번이었다. 이 모든 것들은 우리가 자주 간과하지만, 애인과 함께 만든 역사의 결정적 요소다.

애인에게 느끼는 감정을 표현하기 위해 특별한 요리를 만들 수 있다. 애인에게 감사한 마음을 표현하고 그 이유 또한 되새기기 위해 지금까지 시도하지 않았던 요리에 도전하는 것이다. 그러기 위해서는 상대방에게 느끼는 고마움을 전달하기에 알맞게끔 평소와는 다른 시도가 필요하다. 맛있으면서도 특별한 경우에 내놓을 때깔 좋은 요리가 적합하겠다.

송로버섯을 사고 파스타를 천천히 요리하면서 우리는 기억 속을 서서히 거닌다. 애인에게 예고도 없이 요리를 내놓는다면, 종종 잊기는 해도 당신 없이는 살 수 없다는 확실한 메시지가 전달될 것이다.

트러플을 올린 달걀 생면 파스타

파스타

이탈리아 '00' 밀가루(중력분) 475g(작업대에 두를 것 별도)

소금 1½작은술

따뜻한 물 2큰술

달걀 4개

엑스트라버진 올리브유 2큰술

소스

버터 30g

파르메산치즈 100g → 강판에 갈기

레몬즙 1큰술

검은 송로버섯 1개

파슬리 2대

소금과 후추

준비 및 조리: 45분

휴지 시간: 2시간

분량: 2인분

1 큰 그릇에 밀가루, 소금, 따뜻한 물을 넣고 가볍게 섞는다. 가운데 구멍을 파 달걀을 깨서 넣고 올리브유를 더한다. 5~6분간 재료를 치대서 매끈한 반죽을 만든다. 반죽이 너무 질척하면 밀가루를 더하고, 반죽이 너무 푸석하면 물을 약간 더한다. 반죽은 둥글게 빚고 랩으로 감싸 상온에서 1시간 숙성시킨다.

2 작업대에 밀가루를 두르고 숙성한 반죽을 올린다. 밀대로 반죽을 최대한 얇게 밀고 폭이 넓은 탈리아텔레로 썰어 건조대에서 1시간가량 말린다.

3 큰 냄비에 물을 받아 소금을 넣고 끓인다. 건조한 면을 넣어 알 덴테가 되도록 2분간 삶는다. 면은 건지고, 면수는 작은 컵 하나 분량만 남기고 버린다.

4 큰 팬에 버터를 넣고 중불에 올려 녹인다. 삶은 면과 면수, 파르메산치즈를 넣어 서서히 섞는다. 레몬즙을 넣고 면에서 윤기가 돌 때까지 계속 휘저으며 익힌다. 입맛에 따라 소금과 후추로 간한다.

5 파스타를 접시에 나눠 담는다. 송로버섯을 얇게 저미고 파슬리와 함께 올리면 완성. 바로 먹어야 가장 맛있다.

처참하거나 끔찍하다고 여기지 말고, 애인을 두 번 다시 볼 수 없다고 상상해 보자. 시간이 흘렀다 가정하고 멀리 떨어져서 관계에 대해 생각해 보는 것이다. 무엇이 가장 그리울까?

상처와 부끄러움이 잦아들고 상대가 엄청나게 그립다고 인정할 여유가 있는 상황을 떠올려 보자. 그리운 건 과연 무엇일까? 우리는 평소 이런 질문에 대한 대답을 고민하거나 마음속에 정리해 놓지 않는다. 그래서 정작 이별의 순간을 마주하면 부재를 인식하고 아픔을 받아들이는 데 시간이 걸린다.

이별을 맞이할 때까지 기다릴 필요는 없다. 상상력을 발휘해 가상의 미래를 겪고 기분이 어떨지 마음속으로 그려볼 수 있다. 요점은 그리움의 대상이 무엇인지 예측하는 게 아니다. 우리가 그리워할 무언가를 이미 손에 쥐고 있음을 깨닫는 것이다.

그의 어머니가 만들어주곤 했었던 요리, 대학 졸업 후 그리스에서 먹었던 요리, 슬프고 혹사당할 때 찾는 요리 등 당신의 애인에게 의미 있는 요리가 무엇인지 물어보자. 이 요리들이 바로 밑거름이 되어줄 것이다. 애인이 있어 좋은 건, 언제나 그 자리에서 음미될 적절한 기회를 기다려준다는 것이다.

애인에게 의미 있는 요리 메모하기

‘다시 첫 데이트를 하는 기분으로’

종종 새롭게 시작하고 싶다. 과거의 상처와 좌절을 뒤로하고 그 사이 쌓은 지혜와 함께 다시 시작하고 싶다. 이제 우리는 첫 데이트를 할 때보다 우리 자신과 애인과의 관계에 대해 훨씬 많이 알고 있다. 만약 이대로 애인과의 첫 식사 자리로 돌아간다면 무엇이 달라질까?

이런 사고 실험에 제대로 무게를 실으려면 이따끔씩 애인과 ‘첫 데이트’를 다시 하는 것도 방법이다. 비록 세월이 흘렀다 할지라도, 첫 데이트 때처럼 옷을 잘 차려 입고 음식을 준비하는 것이다.

우리는 얼마나 다르게 행동하게 될까? 자신의 어떤 부분을 좀 더 드러내고, 강조해서 설명할 필요를 느낄지도 모른다. 관계가 깊어지면서 서서히 좌절하거나 실망하지 않도록, 나의 까탈스러운 면모를 솔직하게 인정하는 것이다. 어쩌면 가상의 첫 데이트에서 그동안 파악하지 못했던 애인의 전혀 다른 모습을 보게 될 수도 있다. 예를 들면 어린 시절의 행복했거나 힘들었던 기억을 자세히 듣는 것이다.

아니면 평소보다 더 친절하고 상냥하게 애인을 대하는 방법도 있다. 상대방에게 호감을 사려고 그들의 생각과 의견에 더 귀를 기울이는 것이다. 손으로 턱 밑을 괴는 방식에, 또는 재미있는 이야기를 할 때 어깨를 으쓱하는 행동에 새롭게 매료될지도 모른다. 일상을 살면서 대수롭지 않게 넘겼던 상대방의 매력을 다시 발견할 수 있다.

첫 데이트 실험을 통해 우리는 상대방을 새롭게 마주한다. 물론 그것은 사실 그들을 알고 지냈던 세월 내내 항상 그 자리에 있었던 매력이다. 그저 식사를 통해 필연적으로 간과했던 애인의 고마움을 일깨우고, 지나간 시간을 바로잡는 것이다.

아스파라거스 구이

재료

아스파라거스 230g → 밑동 제거하기

올리브유 1작은술(두를 것 별도)

레몬 1개 → 착즙하기

파르메산치즈 가루 2큰술

구운 아몬드 2큰술

소금과 후추

준비 및 조리: 15분

분량: 2인분

---

1 번철에 올리브유를 두르고 중불에 올려 달군다.

2 아스파라거스를 올리브유로 버무려 달궈진 번철에 올린다. 팬을 가끔 뒤적이며 5~7분간 지진다.

3 아스파라거스에 레몬즙을 끼얹고 접시에 옮겨 담는다.

4 파르메산치즈와 구운 아몬드를 함께 흩뿌려 올린다. 입맛에 따라 소금과 후추로 간하면 완성.

랍스터 구이

재료

버터 150g → 상온에 두어 부드럽게 만들기
곱게 다진 파슬리 2큰술
고춧가루 1½큰술
마늘 4쪽 → 곱게 다지기
레몬 겉껍질 1개분
소금과 후추
자숙 바닷가재 1마리(600~900g)

준비 및 조리: 30분
분량: 2인분(1인당 ½마리)

1 그릇에 버터, 파슬리, 고춧가루, 마늘, 레몬 겉껍질, 소금과 후추를 섞어서 양념을 만든다.

2 바닷가재의 집게발을 비틀어 떼어내고, 살을 발라낸다.

3 바닷가재를 세로로 반 가른다. 대가리 내부를 물로 씻고, 발라낸 집게발 살로 채운다. 바닷가재를 가른 면이 위를 향하도록 얕은 베이킹트레이에 올린다.

4 그릴을 뜨겁게 달군다. 바닷가재에 만들어 둔 양념을 듬뿍 바른다. 베이킹트레이를 그릴에 올려 버터가 부글거리고 바닷가재의 살이 노릇해지기 시작할 때까지 5분간 굽는다. 바닷가재를 접시에 담고 감자튀김을 곁들이면 완성.

티라미수

재료

끓는 물 250ml
커피 가루 1½큰술
백설탕 60g
커피 리큐어 1½큰술
사보야르디(레이디핑거) 8~10개
달걀노른자 2개분
마르살라 와인 50ml
마스카르포네치즈 300g
생크림 150ml → 냉장 보관하기
코코아 가루30g(고명용)

준비 및 조리: 25분
냉장 보관: 4시간
분량: 2인분

1 얇은 접시에 끓는 물, 커피 가루, 설탕 ½큰술, 커피 리큐어를 담는다. 설탕이 녹을 때까지 거품기로 휘젓고 옆에 두어 식힌다.

2 앞의 커피 혼합물에 사보야르디 4~5개를 넣고 뒤집으면서 적신다. 티라미수를 만들 유리 그릇에 적신 사보야르디를 가지런하게 깐다.

3 내열성 그릇에 달걀노른자, 마르살라 와인, 설탕을 담는다. 내열성 그릇 아래에 끓지 않는 뜨거운 물을 받쳐 중탕하면서, 내용물 색이 연해지고 질감이 걸쭉해질 때까지 4~5분간 빠르게 휘젓는다. 내열성 그릇을 바닥에 내리고 마스카르포네치즈를 넣어 섞는다.

4 믹싱볼에 생크림을 넣고 부드럽게 올라오는 뿔이 생길 때까지 빠르게 휘젓는다. 단단해진 생크림은 앞의 마스카르포네치즈를 섞은 혼합물에 세 번에 나눠 넣으면서 부드럽게 포개듯 섞는다.

5 4번의 혼합물 절반을 2번의 사보야르디 위에 올린다. 그 위에 남은 사보야르디를 똑같이 커피 혼합물에 적셔 올리고, 남은 4번 혼합물을 올린다. 물에 적신 숟가락 등으로 고르게 펴고 코코아 가루를 푸짐하게 뿌린다. 랩을 씌워 냉장고에서 4시간 이상 둔다.

6 냉장고에서 꺼내서 먹기 전에 코코아 가루를 다시 뿌리면 완성.

그저 식사를 통해

필연적으로 간과했던

애인의 고마움을 일깨우고,

지나간 시간을 바로잡는 것이다.

5

충분히 좋아

Good enough

충분히 좋아

삶의 다양한 영역에서 우리는 스스로의 기대에 부응하지 못했다는 생각에 빠지기 쉽다. 우리는 분명히 특출나게 아름답지 않다. 부유하거나 똑똑하지도 않으며, 친절하지도 지혜롭지도 않다. 이런 맥락에서 우리는 당연히 훌륭한 요리사도 아니다. 아름다운 삽화가 삽입된 화려한 요리책을 보았고, 주방에는 쓰임에 맞는 조리 도구와 냄비 일습을 갖췄다. 요리 실력이 좋은 사람을 두루 알고, 대략 어떻게 해야 하는지도 파악하고 있다. 하지만 우리는 아무리 노력해도 원하는 기준을 맞추지 못한다. 요리에 이토록 소질이 없다는 게 슬프고 부끄럽기만 하다.

인간의 이상과 현실 사이의 고통스러운 격차는 도널드 위니콧(200쪽 참고)에게 커다란 관심거리였다. 그는 선하고 성실하며 점잖은 부모가 실의에 빠져 자신을 찾아온다는 사실에 놀랐다. 부모들은 잘못된 양육으로 아이를 망칠까 전전긍긍하며 이도 저도 하지 못했다. 심지어 그들은 자신을 혐오했고, 그 결과 부모로서의 역할을 즐기거나 양육 방식을 조금이라도 개선하는 데 어려워했다. 이런 부모들을 돕기 위해 위니콧은 '충분히 좋은' 부모라는 개념을 만들었다.

위니콧은 부모도 당연히 실수를 하지만, 그 실수는 대게 심각하지 않다며 그들을 안심시켰다. 나아가 아이들에게는 완벽한 부모가 필요하지 않다고 주장했다. 아이들은 종종 다정하지만, 때로는 엉망진창이고, 대개는 좋은 의도를 가진 진짜 인간, 즉 '충분히 좋은' 부모를 능히 견뎌낸다.

육아처럼 음식에서도 잔인한 완벽주의를 타파해야 한다. 우리는 너무 오랫동안 완벽한 식사라는 강박에 시달려 왔다. 그 결과 자신의 노력을 깎아내리고 자기 자신을 증오하면서, 다른 이들에게 우리가 만든 음식을 맛볼 기회를 차단해 버렸다. 이 모든 게 화려한 이상에 사로잡힌 탓이다. 요리를 완벽하게 잘하려는 욕망은 먹을 만할 뿐더러, 때로는 훌륭하고, 한편으로는 아리송한 결과물에 자부심을 느끼는 우리의 능력을 운명적으로 약화시킨다.

자신감을 잃고 때로는 부엌을 난장판으로
만들지만, 위니콧의 말처럼 우리는 이미
'충분히 좋은' 요리사다. 한발 물러서서 보면
고기를 너무 익혔거나, 파스타를 알 덴테로
익힌 적이 거의 없거나, 완성한 케이크가
만들기 전에 상상했던 모습과 전혀 닮지
않아도 상관없다.

이번 장에서는 요리책에 거의 실리지 않을
요리들을 다룬다. 어쩌면 완벽하게 다듬어진
요리들보다 훨씬 더 중요할지도 모른다.
어딘가 살짝 부족해 보이지만 만들어
먹기에는 충분히 좋은 요리들 말이다.

아니, 그럴 리가 없다.

요리를 못한다고 말하는 사람은 언제나 요리라는 행위를 지나치게 엄격하게 규정한다. 스스로에게 이렇게 말하는 것이다. 진짜 요리사라면 마요네즈를 직접 만들고, 양상추를 씻어 말리는 특별한 노하우가 있다. 부엌칼 품질에 집착하며, 한 치의 오차도 없이 정확하게 요리하고, 외국 여행에서 맛본 요리도 척척 만들 줄 안다. 또한, 찬장에는 식재료가 가득 들어차 있고, 빵을 만들어 먹을 줄 알며, 수플레를 잘 부풀리고, 식재료의 품질을 잘 구분하며 알맞은 향신료와 채소를 파는 가게를 알아야 한다. 나아가 불 앞에서 평정심을 유지하고, 퍽퍽한 닭가슴살도 촉촉하게 요리할 것이다.

이런 기준으로 보자면 우리는 정말 요리를 못하는 셈이다.

하지만 누가 뭐래도 우리는 요리를 할 줄 안다. 아주 정확하게는 아니지만 웬만한 음식은 꽤나 괜찮은 수준으로 만든다. 달걀흰자 가장자리가 바삭거리고 달걀노른자는 살짝 덜 익은 달걀 프라이를 맛있게 부칠 수 있다. 스파게티를 끓는 물에 넣기 전에 소금 넣는 걸 까먹거나, 물을 따라 버릴 때 팬 바닥에 면이 좀 눌어붙기도 하지만 우리의 파스타는 그런대로 먹을 만하다. 조금 실수를 할 수는 있지만, 이런 것들을 포함해 두 손으로 다 셀 수 없을 만큼 다양한 요리를 충분히 맛있게 만들어 먹는다. 좋은 친구처럼 이런 요리는 우리의 사소한 실수에 연연하지 않는다. 우리의 궁극적인 목적은 바로 요리를 즐기는 것이다.

비단 요리만 말하는 것은 아니다. 요리라는 적당한 모험을 통해 우리는 자신에게 좀 더 보편적인 진실을 말하게 된다. 충분히 좋다고 만족하는 태도는 삶의 다양한 영역에 아주 유용한 도움을 제공한다. 충분히 좋은 결혼, 충분히 좋은 직장, 충분히 좋은 휴일을 떠올려도 좋다. 완전무결함을 추구한다고 해서 결과가 좋아지거나 삶이 더 나아지지는 않는다. 반대로 그런 시도를 통해 우리는 실패를 더 뼈저리게 받아들이게 된다. 불완전하게 담거나, 약간 고르지 않게 조리되고 그을린 구석마저 있는 식사는 우리에게 삶의 위대한 진리 하나를 말해준다. 현실의 우리는 불완전함을 현명하게 받아들여야 한다고.

달걀 프라이를 올린 토스트

재료

달걀 1개 → 상온에 두기
올리브유 1큰술
소금과 후추

토스트

좋아하는 빵
버터 약간

준비 및 조리: 5분
분량: 1인분

1 작은 논스틱팬에 올리브유를 두르고 약불에 올려 달군다.

2 팬에 달걀을 깨서 올린다. 달걀을 이리저리 옮기고 싶은 욕구를 억누르며 3분간 흰자를 익힌다. 반숙을 좋아하면 달걀을 뒤집어 익힌다.

3 달걀이 익는 동안 빵 한 쪽을 구워 버터를 넉넉하게 바른다.

4 다 익은 달걀을 빵에 올리면 완성. 맛을 더하고 싶다면 케첩이나 살사 베르데(57쪽)를 곁들인다.

카초 에 페페

재료

스파게티 450g
버터 60g
엑스트라버진 올리브유 2큰술
후추 2작은술
파르메산치즈 200g → 강판에 갈기

조리 및 준비: 20분
분량: 4인분

1 큰 냄비에 물을 받아 소금을 넣고 강불에 올린다. 물이 끓으면 스파게티를 넣고 알 덴테가 되도록 10~12분간 삶는다.
2 스파게티를 삶은 면수는 작은 컵 하나 분량만 남기고 버린다.
3 큰 소테팬에 버터 30g과 올리브유를 넣고 중불에 올려 뜨겁게 달군다. 후추 1작은술을 넣고 향이 피어오를 때까지 30초간 볶는다.
4 면수 절반쯤을 넣고 끓인다. 남은 버터와 삶은 스파게티를 차례대로 넣고 버무린다.
5 파르메산치즈를 솔솔 뿌리고, 스파게티와 소스를 잘 버무린다.
6 윤이 나는 치즈 소스가 만들어지면 소테팬을 불에서 내린다. 치즈 소스가 너무 뻑뻑하면 면수를 적절히 추가한다.
7 접시에 스파게티를 나눠 담고 남은 후추를 솔솔 뿌리면 완성.

대부분의 요리책에서는 배달 음식이 개념으로도 존재하지 않는다. 배달 음식이 야만인이나 이교도가 도시를 약탈한 후에나 먹는 음식이라도 되는 듯 말이다.

하지만 평범한 가정의 충분히 좋은 요리사는 배달 음식에게 내어 줄 합당하고 고귀한 레퍼토리를 갖고 있다. 요리를 하지 말아야 할 때를 아는 것은 요리를 하는 것 만큼이나 자신감과 성숙함을 요구하는 기술이다.

일단 배달 음식을 먹으려면 자신을 좋아하고, 때때로 우리가 타인의 도움을 받을 자격이 있다는 사실을 받아들여야 한다. 의존이라는 개념과 피로감의 타당성을 수용하는 것이다. 당장 요리를 할 에너지가 없고, '인도의 별'이나 '수정 정원' 같은 음식점의 도움이 필요한 순간이 있다. 혼자서는 버틸 수 없음을 깨닫고 도움을 청하는 건 진정 자신을 이해한다는 방증이다. 우리가 단순히 요리를 회피하거나 게으른 게 아니라, 피곤하거나 짜증이 나서 지쳤다는 점을 받아들여야 (과거에는 쉽지 않았을 수도 있지만) 가능한 일이다.

사랑이 잘 안 풀리거나 일이 힘들 수도 있고, 어젯밤에 숙면하지 못했을 가능성도 있다. 현관에 나가 헬멧을 쓴 배달 기사로부터 종이봉투를 받아들면서 우리는 일반적인 생각을 하나 떠올린다. 우리에겐 이처럼 때때로 보살핌을 받을 권리가 있다는 것이다. 때로 어떤 특정한 의무를 생략하더라도, 우리는 여전히 사회 구성원으로서 받아들여지기에 충분히 훌륭하다.

같은 논리에서 타인에게 우리의 약점을 보여주는 데 부끄러울 필요가 없다. 오랜 친구가 집으로 찾아오는 상황을 예로 들어 보자. 이론적으로야 그들을 매료시키고 좋은 인상을 남기기 위해 맛있는 음식을 직접 만들어야 할 것이다. 하지만 지치고 슬픈 우리는 그냥 침대에 가만히 누워 있고만 싶다. 그럴 때 어떻게 해야 할까? 우리는 최선을 다할 때에만 친구들이 나를 좋아할 거라는 끔찍한 생각에 사로잡혀 행동한다. 집에서 만든 파이, 레몬과 타임으로 맛을 낸 통닭구이를 로즈마리 감자 위에 올려 대접해야 한다고 생각하는 것이다. 하지만 이런 생각은 우리가 우정의 핵심을 잊고 있는 것이다. 우정은 실패, 약점, 무능력과 불완점에도 불구하고, 아니 사실은 거의 그것들 덕분에 유지되는 것이다.

따라서 흠잡을 데가 하나도 없다면 도리어
친구들을 위협하거나 겁박하게 된다. 그들은
우리의 우월함에 기가 죽는 상황 말고,
부족한 모습에 공감하는 순간을 기대한다.

화려한 음식을 만들어 대접한다면 상대방을
그저 감복시키겠지만, 평범하고 어설픈
모습을 보인다면 제대로 우정을 쌓게 된다.
낡은 티셔츠와 청바지 차림을 하고 눈에는
눈물이 그렁그렁한 채로 (이유는 나중에 분명히
설명해 줘야 한다) 친구들을 어두운 부엌으로
불러야 한다. 그리고 부끄러워하지 말고
'벵갈의 기억'으로부터 커다란 음식 보따리가
오고 있다고 선언해야 한다. 어쩌면 그게
깊은 의미에서 진정한 접객의 시작이다.

혹시나 주방으로 다시 돌아가고 싶은 마음이
들지도 모른다. 여기서는 그 순간을 위해
배달 음식을 활용해서 만들기 좋은 몇 가지
레시피를 소개한다.

대부분의 요리책에서는
배달 음식이 개념으로도
존재하지 않는다.
배달 음식이 야만인이나
이교도가 도시를 약탈한 후에나
먹는 음식이라도 되는 듯 말이다.

PIZZERIA
UNO
WE'RE OPEN
PIZZERIA UNO

JVC

IN-N-OUT
BURGER

ORIGINAL INDISCHE SPEZIALITÄTEN
Amma
Amma
Indische Küche

평범한 답안은 결함이 있고 불완전하며 받아들이기 곤란한 인간을 처리하는 방법과 같다. 쓰레기통에 버리는 것이다. 하지만 충분히 좋은 요리사라면 먹고 남은 음식으로 일주일간 식단을 꾸리는 게 불가능하지는 않다.

충분한 창의력과 자유로운 아이디어를 발휘해 들여다보면 묵은 빵이나 기름이 굳은 스테이크, 질척이는 콩과 어젯밤에 반쯤 먹고 남긴 토마토 구이에는 어딘가 묘한 매력이 있다.

남은 음식은 그저 맛이 좋을 뿐만 아니라 (종종 막 만들어 먹었을 때보다 더 맛있기도 하다) 더 큰 가르침을 준다. 버려진 것이라도 상황만 뒷받침한다면 주연이 되어 감동을 안길 수 있다는 점이다. 마태복음 21장 42절에서 예수는 "집 짓는 사람들이 버린 돌이 모퉁이의 머릿돌이 되었다"라고 말했다. 연약하고 가난하며 재능 없는 이들은 종종 가치 없는 사람 취급을 받는다. 하지만 예수는 '남겨진' 이들이 하느님의 나라처럼 오롯이 다른 장소에서는 숨겨진 가치를 인정받을 수 있다고 여겼다.

이런 발상은 종교를 뛰어넘는다. 삶에서도 지배적인 문화에 뒤쳐져 그다지 가치를 인정받지 못한 무언가가 기회를 얻어 자신의 능력을 발휘하는 장면을 종종 목격하곤 한다. 예를 들어, 그 누구도 나이든 이모와 이동식 주택을 끌고 주말 여행을 가고 싶어 하지 않는다. 하지만 비좁은 이동식 주택에서 이모와 사람의 발길이 닿지 않은 풍경을 감상하는 일이 의외의 재미를 선물할지도 모른다. 비록 이모의 염색 머리와 옷차림이 이상할지라도, 이모에게는 흥미로운 과거사와 문학과 정치에 대한 남다른 견해가 있을 수도 있다. 우리가 상상력을 발휘해 타인을 품는다면, 언젠가는 사람들도 상상력을 발휘해 우리를 너그럽게 대하는 날이 올 것이다.

우리 또한 언젠가는 인생이란 냉장고 뒷편에 쭈그리고 있는 '남은 음식' 취급을 받게 된다. 그 순간 우리는 매력 없는 겉모습에 가려진 잠재력을 누군가 알아보기를 간절히 바랄 게 분명하다. 우리가 어젯밤 더 먹고 싶지 않아 남긴 음식으로 다음 날 만족스러운 식사를 차려 낸다면 우리는 존재의 가장 심오한 주제 하나를 재현하는 셈이다. 바로 구원 말이다.

아란치니

재료

먹고 남은 리소토 약 4인분(129쪽 참고)
올리브유 2큰술
샬롯 1개 → 곱게 썰기
마늘 1쪽 → 다지기
다진 소고기 400g
토마토퓌레 2큰술
소고기 육수 250ml
냉동 완두콩 150g → 해동하기
식용유 1000ml(튀김용)
바질 1다발 → 다지기
빵가루 165g
소금과 후추

준비 및 조리: 30분
분량: 4인분

1 큰 냄비에 올리브유를 두르고 중불에 올려 달군다. 샬롯, 마늘, 소금 1자밤을 넣고 숨이 죽을 때까지 4~5분간 볶는다. 불 세기를 약간 올리고 다진 소고기를 넣어 노릇하게 지진다. 토마토퓌레를 넣어 1분간 끓이고 육수를 붓는다. 가끔 저으며 육수가 거의 증발할 때까지 15분간 끓인다. 냄비를 불에서 내리고 완두콩을 넣는다. 입맛에 따라 간하고 완성된 미트 소스를 쟁반에 담아 식힌다.

2 크고 바닥이 두툼한 냄비에 식용유를 받아 180°C로 데운다. 조리용 온도계를 사용해 온도를 정확하게 측정한다.

3 그릇에 빵가루, 바질, 소금, 후추를 담아 섞는다.

4 리소토를 조금 떼어내고 겉면에 식은 미트 소스 1큰술을 바른다. 양념한 빵가루에 굴리고 유산지를 두른 쟁반에 가지런히 담는다.

5 식용유가 적정 온도에 이르면 아란치니를 3~4개씩 담가 노릇하고 바삭하게 튀긴다.

6 구멍 국자로 아란치니를 건져 키친타월에 올려 기름기를 제거한다. 남은 아란치니도 마저 튀기면 완성.

판자넬라 샐러드

재료

묵은 빵 1덩이 → 손으로 찢기

양조식초 2큰술

엑스트라버진 올리브유 75ml

토마토 6개 → 반달썰기

적양파 1개 → 얇게 슬라이스

바질 잎 2큰술 → 찢기

소금과 후추

준비 및 조리: 30분

분량: 4인분

1 큰 그릇에 식초와 올리브유를 넣고 섞는다.

2 남은 재료를 넣어 버무린다. 랩으로 덮어 상온에서 20분간 두면 완성.

3 그릇에 담아 실온 상태로 낸다.

어린이 음식을 먹는 어른의 모습을 떠올리면 어딘가 조금 우스워 보인다. 우리가 음식점에서 어린이 메뉴를 시켜 먹지 못하는 이유다. 그렇게 웃는 얼굴의 피자나 동물 모양 과자가 딸려 나오는 수프를 향한 호기심을 억누른다. 하지만 우리는 부드러운 질감과 순한 맛, 재미있는 모양에 남몰래 매료되었을 수도 있다.

단지 맛 때문에 어린이 음식에 끌리는 게 아니다. 그런 음식 덕분에 우리는 기억 저 너머에 있는 (하지만 강렬한) 어린 시절을 추억한다. 누군가 우리를 돌봐주고 그저 존재한다는 이유로 사랑받았던 시절, 폭설이나 물웅덩이에도 즐거워하고, 피곤해지면 누군가 업어주었던, 그리고 복잡한 감정에 휘말리거나 음침한 육체적 충동을 느끼지 않았던 그때 그 시절로 돌아가는 것이다.

어린 시절의 사랑스럽고 좋았던 기억을 일깨우는 음식을 먹으면서 우리는 무해한 퇴행을 경험한다. 사랑받을 준비가 되었던 따뜻한 마음을 회복하고 사소한 것을 향한 열정, 신뢰나 존경의 마음, 그리고 희망에까지도 다시금 접촉하게 된다.

시간을 과거로 되돌려 다섯 살이 될 수는 없다. 하지만 돌돌 말린 감자튀김이나 알파벳 모양의 파스타 덕분에 가장 행복했던 어린 시절의 일부가 험악하고 복잡하며 슬프게 변해 버린 지금과 대화를 나누도록 만들 수는 있다.

또한 어린이 음식을 먹으면 자식을 향한 헌신과 사랑을 재확인하게 된다. 아이들이 놀러 나가고 부모인 우리만 식탁에 남아 있다면, 너무 피곤해서 식탁을 치우지는 못하고 아이들이 먹고 남긴 케첩이 묻은 소시지를 향해 손을 뻗을 수도 있다. 어쩌면 먹다 만 샌드위치나 세 입 남긴 사과, 반만 먹은 피시 핑거도 집어 먹을 것이다. 구내식당이나 비행기에서 모르는 이가 몸을 뻗어 먹다 남긴 햄 샌드위치를 덥석 집어 먹는다고 생각하면 넌더리가 날 것이다. 하지만 자식이 남긴 음식을 먹는 행위는 소중한 친밀감의 표현이다. 이는 같은 메뉴는 물론이고 아이의 젖니 자국이 남아 있는 음식을 먹음으로써 증명된다.

아이들 입장에서 생각해 보자. 아이들로서는
자신이 남긴 콩이나 무스를 게걸스레
먹는 부모의 모습이 무척이나 친근하게
느껴진다. 직전까지 아이들은 부모의 온갖
소유물을 부러워하기만 했다. 손도 못 대는
전기톱, 운전할 줄 모르는 자동차, 어른들이
가게에서 흔드는 신용카드 등이 대표적이다.
그런데 어린이 메뉴를 먹는 부모를 보면서
아이들은 도리어 자신이 소유한 무언가를
부모가 그토록 원한다고 느끼게 된다. 잠시
동안이지만 어린이용 미니 버거나 완두콩
앞에서 부모와 자식의 위계는 역전되고,
어린이 음식이 더욱 매력적이고 뜻깊게
보이는 상황이 벌어지는 것이다.

가정식 피시 핑거

재료

달걀 1개
거친 팡코 빵가루 100g
올리브유 1큰술
흰살생선(대구나 명태 등) 400g
→ 껍질 벗기고 뼈 발라내기
소금과 후추

준비 및 조리: 30분
분량: 4인분

1 오븐을 200°C로 예열한다. 얕은 접시에 달걀을 깨서 달걀물을 만든다. 다른 얕은 접시에 빵가루와 소금, 후추를 넣고 섞는다.

2 논스틱 베이킹시트에 올리브유를 두른다. 생선은 달걀물을 묻히고 빵가루에 굴린다. 베이킹시트에 생선을 올리고, 오븐에 넣어 노릇해지도록 20분간 굽는다.

3 완두콩, 감자튀김, 그리고 케첩을 듬뿍 곁들이면 완성.

미니 버거

빵

중력분 275g
베이킹파우더 4작은술
말린 오레가노 1작은술
말린 로즈마리 ½작은술
소금 ½작은술
버터 60g
버터밀크 250ml

패티

다진 소고기(지방 함유량 15% 이상) 450g
양파 1개 → 깍둑썰기
이탈리안 파슬리 1줌 → 다지기
디종 머스터드 1작은술
우스터소스 1작은술
소금 1작은술
후추 ½작은술
체다치즈 4장 → 반으로 자르기

양념

토마토케첩

준비 및 조리: 50분
분량: 버거 8개(4인분)

빵 만들기

1 오븐을 230°C로 예열한다. 베이킹트레이 두 점에 기름을 바르고 유산지를 두른다.

2 큰 믹싱볼에 밀가루, 베이킹파우더, 허브, 소금을 넣고 섞는다. 버터를 넣고 거친 빵가루 형태가 되도록 손으로 문질러 섞는다.

3 버터밀크를 넣어서 반죽한다. 밀가루를 가볍게 두른 작업대에 반죽을 올리고 손바닥으로 가볍게 두들겨 둥글게 만든다.

4 밀대를 사용하여 0.75cm 두께로 얇게 펴고, 작은 쿠키 자르개로 둥근 반죽을 16점 이상 만든다. 유산지를 두른 베이킹트레이에 간격을 넉넉히 두고 나눠 담는다.

5 베이킹트레이를 오븐에 넣고 반죽이 부풀어 오르고 노릇해지도록 8~10분간 굽는다. 오븐에서 베이킹트레이를 꺼내 그대로 식힘망에 얹어 식힌다.

패티 만들기

6 그릴을 뜨겁게 달군다. 믹싱볼에 체다치즈를 제외한 모든 재료를 담아 섞는다.

7 섞은 재료를 8등분한다. 둥글게 빚고 눌러 두꺼운 패티를 만든다. 패티를 그릴에 올려 가끔 뒤집으며 고루 노릇하고 단단해지도록 8~10분간 굽는다.

8 패티에 체다치즈를 얹어 녹을 때까지 1분간 더 굽는다.

9 오븐에서 구운 빵 두 점 사이에 패티를 넣고 케첩을 끼얹으면 완성.

물론 더 많은 노력이 필요한 사람도 있다. 하지만 대부분 정작 중요한 문제는 따로 있다. 우리는 이미 매사에 최선을 다한다. 의무를 이행하면서 책임감을 잃지 않고, 규칙을 준수하면서도 옳은 일에 헌신하려고 애쓴다. 정말이지 이제는 최선을 다하는 데 신물이 날 지경이다.

우리 문화는 가뜩이나 심각한 양심의 부담을 덜거나, 조금이라도 정의롭지 않은 방향으로의 자유를 허락하지 않는다. 기세등등한 도덕주의의 뿌리에는 정의와 노력의 관계에 대한 논리가 자리한다. 선하게 행동하면 보상받고 커리어도 순탄하다. 깍듯하고 겸손하면 좋은 친구를 사귀고, 친절은 사랑으로 이어진다. 전문가가 말하는 대로 식생활을 절제해서 꾸리면 건강하게 장수하는 게 불가능한 일도 아니다.

즉, 도덕주의는 선행이 보상받는다는, 종교적인 믿음에서 출발한 위력적인 발상이다. 하지만 현실의 삶은 이런 정의로운 비전을 정확히 충족하지 않는다. 우리는 회사에서 누군가 잘못 판단한 사업 확장 계획 탓에 야근을 한다. 우리의 책임도 아니지만 늦게까지 일하고 종내에는 정리해고를 당한다.

한편 우리는 애인에게 귀를 기울이고자 엄청나게 애를 쓰지만, 성생활은 그와 상관없이 시들고 결국 헤어져 버린다. 음식을 신경 써서 먹어왔던 친구가 암에 걸려 서른다섯 번째 생일을 맞기 전에 세상을 뜨기도 한다.

선하게 행동한다고 딱히 제대로 보상을
받는 건 아니다. 따라서 때때로 자기희생과
약속의 좌절에 진저리를 치는 것은 놀랍지
않으며, 오히려 축하할 일이다. 그런 일을
겪더라도 약해지지 말고 현실의 부당함에
적절히 저항해야 한다. 정신을 놓고 삶이라는
철로에서 탈선할 수는 없는 노릇이다.
우리는 때로 전략적으로 무례하고 악하게
행동할 필요가 있다. 인간이라는 존재의
어두운 현실을 인정하는 것이다. 반복하지만,
노력한다고 해서 언제나 좋은 결과를 얻는 건
아니다.

음식에 대한 사치는 형이상학적인 선언과
같다. 우주는 도덕적 기계가 아니다.
우리는 옳은 행동만 하는 사람도 비참한
최후를 맞이할 수 있다는 인생의 비극적인
차원을 인지하고 있다. 우리는 선한 사람이
요절하거나 재능 있고 노력하는 이가 실패할
수 있다는 사실을 이해하고, '불량한' 음식의
쾌락을 즐길 줄 알아야 한다.

다섯 가지 치즈로 만든 마카로니

재료

버터 45g
중력분 30g
우유 700ml
체다치즈 가루 100g
파르메산치즈 가루 100g
부드러운 염소젖 치즈 50g → 부스러트리기
로크포르치즈 50g → 부스러트리기
크림치즈 50g → 상온에 두기
마카로니 450g
소금과 후추

준비 및 조리: 30분
분량: 4인분

1 오븐을 180°C로 예열한다.

2 냄비에 버터를 넣고 중불에 올려 뜨겁게 달군다. 밀가루를 더해 2분간 볶는다.

3 거품기로 계속 휘저으며 우유를 한 줄기로 서서히 더한다. 걸쭉해질 때까지 거품기로 휘젓기를 멈추지 않으며 6~8분간 더 끓인다.

4 냄비를 불에서 내리고 체다치즈, 파르메산치즈, 염소젖 치즈, 로크포르치즈, 크림치즈를 넣고 휘저어 섞는다. 입맛에 따라 소금과 후추로 간하고, 냄비를 다시 불에 올린다. 치즈가 고르게 녹아 소스로 어우러질 때까지 2~3분간 끓인다.

5 큰 냄비에 물을 받아 소금을 넣고 펄펄 끓인다. 마카로니를 넣어 알 덴테가 되도록 10분간 삶는다. 마카로니를 건져 앞의 치즈 소스에 넣어 섞는다. 소금과 후추로 간한다.

6 둥근 제과제빵팬에 치즈 소스와 버무린 마카로니를 담고, 오븐에서 윗면이 노릇해질 때까지 30~40분간 굽는다.

7 오븐에서 꺼내 잠깐 식히면 완성.

허무주의자의 초콜릿 아이스크림선디

초콜릿 소스

생크림 40ml

골든 시럽 30g(메이플시럽으로 대체 가능)

설탕 30g

코코아 가루 1큰술

다크초콜릿(카카오 함량 70% 이상) 40g

→ 굵게 다지기

무염 버터 15g

선디

아이스크림(바닐라 맛 / 초콜릿 맛) 500ml

고명

마라스키노 체리

웨이퍼 컬

휘핑크림

준비 및 조리: 15분

분량: 4인분

1 팬에 생크림, 골든 시럽, 설탕, 코코아 가루, 다크초콜릿 절반을 넣고 중불에 올려 섞는다. 내용물이 끓기 시작하면 팬을 불에서 내린다. 남은 초콜릿과 버터를 섞어 초콜릿 소스를 만든다.

2 유리잔에 초콜릿 소스 약간을 담는다. 그 위에 바닐라 아이스크림과 초콜릿 아이스크림을 번갈아 담는다.

3 선디 위에 휘핑크림, 웨이퍼 컬, 마라스키노 체리를 올리면 완성.

대부분의 요리책은
파이가 눅눅해지는 방법이나
맑아야 할 수프가 탁해지는
비결을 이야기하지 않는다.
하지만 숨겨 왔던 비밀을
이제는 밝혀야 할 것 같다.

'망친 요리를 기리며'

우리가 만든 스크램블 에그는 진하고 밝은 노란색에 흐르듯 부드러운 질감은커녕 창백하며 조각조각 부스러진다. 연어는 단단한 한 덩이로 담기는 대신 여러 조각으로 낱낱이 흩어진다. 직접 구운 파이는 빛나는 돔처럼 부풀어 올랐다가 맥없이 주저앉아 가운데에 휑한 동굴을 만든다.

그대로 버리고 싶은 충동이 치밀어 오르겠지만, 그러지 말자. 보기엔 흉하더라도 맛은 괜찮은 음식을 먹다 보면, 우리는 중요한 진리에 가닿는다. 잘못되고 어딘가 좀 이상하게 보이거나 들릴지라도, 여전히 충분한 가치를 지닐 수 있다.

대부분의 요리책은 파이가 눅눅해지는 방법이나 맑아야 할 수프가 탁해지는 비결을 이야기하지 않는다. 하지만 숨겨 왔던 비밀을 이제는 밝혀야 할 것 같다.

(이상적으로 보자면) 망할 게 뻔한 요리를 시도해 충분히 좋은 결과물을 만들어 보자. 어쩌면 지나치게 야심 찬 세상의 기준에서 벗어나 보일지 모른다. 하지만 그럼에도 우리는 여전히 괜찮으며, 때로는 정말 행복해지고 있다는 진실을 깨닫게 된다.

비프 웰링턴

뒥셀

- 버터 60g
- 버섯 450g → 다지기
- 샬롯 2개 → 다지기
- 타임 1대 → 다지기
- 달지 않은 베르무트 또는 화이트와인 120ml
- 소금과 후추

비프 웰링턴

- 두께가 고른 소 안심 1kg
- 올리브유 2큰술
- 잉글리시 머스터드 1큰술
- 파르마 햄 8~12장
- 퍼프 페이스트리 400g
- 밀가루 1큰술(두를 것)
- 달걀물 1개분

준비 및 조리: 2시간 30분

분량: 6인분

1 뒥셀은 하루 전날 준비한다. 푸드프로세서에 버섯을 담아 곱게 다진다.

2. 팬에 버터를 넣고 중불에 올려 달군다. 버섯, 샬롯, 타임을 넣고 볶아 수분을 최대한 날리고 소금과 후추로 간한다.

3 팬에 베르무트를 넣고 수분이 전부 증발할 때까지 10분간 끓인다. 팬을 불에서 내리고 만든 뒥셀을 냉장고에 넣어 차게 식힌다.

4 뒥셀이 준비되면 비프 웰링턴을 만들기 시작한다. 소고기 힘줄을 제거하고, 소금과 후추로 넉넉하게 간한다.

5 무쇠팬에 올리브유를 두르고 강불에 올려 달군다. 소고기를 넣어 모든 면을 골고루 8~10분간 익힌다. 팬을 불에서 내리고 소고기에 머스터드를 발라 완전히 식힌다.

6 작업대에 랩을 넓게 깐다. 소고기를 전부 덮을 수 있도록 파르마 햄을 조금씩 겹쳐 랩 위에 펼친다.

7 햄 위에 뒥셀을 고르게 한 층 쌓고 가운데에 소고기를 올린다.

8 랩 한쪽 끝을 잡고 김밥을 말듯 햄과 뒥셀로 소고기를 감싸 탄탄한 원통으로 만든다. 랩의 양쪽 끝을 사탕 포장지처럼 뒤틀어 마무리한 뒤 냉장고에 15분 둔다.

9 작업대에 밀가루를 가볍게 두른다. 퍼프 페이스트리를 올려 한 변의 길이가 10cm가 되도록 민다. 소고기를 완전히 감쌀 수 있을 만큼 넓어야 한다.

10 소고기에서 랩을 벗기고 페이스트리 위에 올린다. 페이스트리의 가장자리에 달걀물을 바른다. 페이스트리의 양쪽 끝을 접은 뒤 돌돌 말아 소고기를 완전히 감싼다. 가장자리를 눌러 여밀고, 남은 반죽은 날카로운 칼로 썰어 낸다.

11 페이스트리 반죽의 이음매가 밑으로 가도록 웰링턴을 뒤집는다. 제과제빵팬 위에 올리고 남은 달걀물을 펴 바른다. 날카로운 칼로 표면에 장식 문양 칼집을 넣는다. 소금을 솔솔 뿌리고 냉장고에 30분간 둔다.

12 오븐을 200°C로 예열한다.

13 웰링턴을 오븐 중간에 넣고 페이스트리가 노릇해질 때까지 30분간 굽는다. 탐침 온도계로 정확한 내부 온도를 측정한다(미디엄 레어: 55°C). 오븐에서 꺼내 10분 두었다가 내면 완성.

John Gray STRAW DOGS
La Rochefoucauld COLLECTED MAXIMS
Cyril Connolly THE UNQUIET GRAVE
Marcus Aurelius MEDITATIONS

6

사유를 위한 음식

Food for thinking

사유를 위한 음식

'초월적 사유'

라벤더, 블랙베리, 파인애플 주스 309

계피 견과류 뮤즐리 310

마늘, 생강, 강황 수프 311

비트 카르파초 312

'민첩한 사유'

따뜻한 퀴노아, 시금치, 표고버섯 샐러드 316

호두 된장 국수 317

린그린 민트 스무디 318

'감각적 사유'

그뤼에르, 머스터드, 피클 샌드위치 321

토마토와 파르메산치즈 타르트 322

스카치 에그 324

'창조적 사유'

준비할 요리:

셀러리 퓌레, 카볼로 네로, 블랙베리

레드와인 소스를 곁들인 비둘기 통구이 328

먹을 것: 풋콩 332

'도덕적 사유'

해초 샐러드 336

케일 렌틸콩 스튜 337

고추냉이 소스와 참치회 338

오전 7시부터 오후 7시까지 다른 음식 없이 천천히 마실 물 한 컵, 소금 간을 하지 않은 무교병, 그리고 사과 한 알 341

인간으로 태어나 느낄 수 있는 비극 가운데 하나는, 우리가 지금보다 더 현명하고 깊게 통찰할 수 있음을 직관적으로 안다는 점이다. 물론 변덕스럽고 휑뎅그렁하며 깜빡거리는 우리 머리에서 양질의 생각을 뽑아낼 방법을 안다는 전제 아래이기는 하다.

아주 종종, 그것도 아주 뜬금없는 순간에 유용한 생각이 날 때도 있지만 출처도 모르며 제대로 쓸 순간을 놓쳐 버리기 일쑤다. 한 달이나 지나서 회의에서 팀원에게 말했어야 할 중요한 사항을 깨닫거나, 한밤중에서야 이틀 전 아침 무엇에 화가 났었는지 불현듯 떠오른다. 내가 애인을 힘들게 했다는 걸 한참 시간이 흘러 깨닫지만 그 시점에서 이미 관계는 끝나 있다.

대체로 우리는 좋은 생각이 자연히 떠오른다고 믿는다. 아이디어가 번뜩이고, 문장화되어 저절로 질문이 된다고 여기므로, 좀처럼 이 과정을 통제할 수 있다는 생각을 하지 못한다.

하지만 우리는 다른 상황도 경험한다. 우리의 사고력은 주변에 많은 영향을 받는다. 먹고 마시는 일 역시 생각에 분명한 영향을 미친다. 가령 술을 마시면 어색함이 줄어들고, 긍정적이면서 야심 차게 변한다. 반면 커피를 마시면 어려운 인지적 과업에 좀 더 날카롭게 대처할 의지가 불타오른다.

이러한 예시들은 좀 더 일반적이면서 동시에 훨씬 더 미묘한 다음의 가능성을 발견하게 만든다. 모든 음식은 어떤 면에서 약물이 아닐까? 우리는 '약물'이라는 단어를 금지된 물질에 주로 쓴다. 하지만 우리가 섭취하는 음식 대부분은 정신에 영향을 미치고, 의식 상태를 변화시킨다는 차원에서 '약물'이다. 단지 영향력을 자세히 기록하지 않았고, 법도 신경을 쓰지 않을 뿐이다. 이런 맥락에서 초콜릿은 애플 크럼블이나 스틸턴 블루치즈와 마찬가지로 약물이라고 할 수 있다.

음식을 사용해 우리 내면의 분위기를 전략적으로 바꿀 수 있다. 우리가 먹는 음식은 우리가 누구인지 말하는 서로 다른 부분을 연결한다. 이번 장에서는 다양한 사유의 방식과 각각을 가장 쉽게 촉진하는 몇 가지 음식을 소개함으로써, 음식이 어떻게 우리의 사유를 변화시키는지 살핀다.

'초월적 사유'

보통 우리의 생각은 자아를 중심으로 빡빡하게 돌아간다. 내가 원하는 게 뭘까? 나는 무엇을 두려워하지? 내년에는 나에게 무슨 일이 벌어질까?

그러다가 종종 놀라운 일이 벌어진다. 빡빡하게 자기중심적인 자아를 벗어나거나 초월해 인류와 우리의 연약한 지구에 대해 너그럽고 폭넓게 사유하는 것이다. 세상에 존재하는 더 넓은 범위의 사람과 연령과 신념을 인식하고 그것들을 보살피기 시작한다. 인류를 두려움과 냉소와 공격이 아니라 사랑으로 대해야 마땅하다고 믿는다. 세상도 사뭇 다르게 보인다. 자기 목소리나 내겠다고 남을 모른 척하고 난리 치는 사람들, 고통과 번지수 틀린 노력으로 뭉친 장소가 아니라 다정함과 갈망, 아름다움과 감동적인 연약함으로 가득한 장소처럼 인식하는 것이다.

초월적 사유 속에선 내 삶만이 귀하게 느껴지지 않는다. 평정심을 갖고 존재하지 않는 것들을 떠올리면서 '나'와 '내가 아닌' 대상과의 거리를 줄인다. 언제나 세계의 일부였던 자연이 이제야 보이기 시작한다. 나무, 바람, 구름이나 파도와 함께하는 장면을 상상한다. 이런 관점에서 보면 계급은 아무것도 아니고, 소유는 무의미하며, 불평불만은 조바심을 잃는다. 만약 누군가 초월적 사유에 빠진 우리와 마주친다면, 이전과 확연히 달라진 모습 그리고 새롭게 엿보이는 너그러움과 이해심에 놀랄 것이다.

초월적 사유는 종종 미치도록 짧다. 늦은 밤이나 해 질 녘에 잠깐, 넓은 초원을 가로지르는 비행기나 기차에서 불현듯 찾아온다. 하지만 어떤 식재료, 특히 라벤더, 카르다몸, 강황과 계피를 통해 우리는 초월적 사유에 좀 더 체계적으로 다가가 고집스러운 자아를 조금은 누그러트릴 수 있다.

라벤더, 블랙베리, 파인애플 주스

재료

블랙베리 300g
라벤더 에센스 몇 방울 → 팁 참고
파인애플 주스 750ml
얼음
차가운 스파클링 워터

준비 및 조리: 10분
분량: 4인분

1 푸드프로세서나 블렌더에 블랙베리를 갈아 퓌레로 만든다. 퓌레를 고운 체로 걸러 주전자에 담고, 라벤더 에센스와 파인애플 주스를 넣어 섞는다. 입맛에 따라 라벤더를 추가한다.

2 유리잔에 얼음을 담고 주스를 채운다. 스파클링 워터로 마무리하면 완성.

Tip!
라벤더 에센스는 온라인 매장이나 오프라인 조리 도구 전문점에서 판매한다. 구매 시 제과제빵용 또는 식용인지 확인한다.

계피 견과류 뮤즐리

재료

아몬드 120g
호두 65g
피칸 65g
코코넛 플레이크 70g
코코넛 기름 120g
부드러운 땅콩버터 2큰술
계핏가루 2작은술
코코아 가루 2큰술
통깨 3큰술
치아씨 2큰술
그릭 요구르트(곁들이용, 선택 사항)

준비 및 조리: 25분

분량: 8인분

1 오븐을 180°C로 예열한다. 테두리가 있는 베이킹트레이에 견과류와 코코넛 플레이크를 펴 담는다.

2 베이킹트레이를 오븐에 넣고 노릇하게 10분간 굽는다. 오븐에서 베이킹트레이를 꺼내 견과류들을 잠시간 식혀서 다진다.

3 큰 냄비에 코코넛 기름과 땅콩버터를 담아 중불에 올려 녹이면서 섞는다.

4 냄비를 불에서 내리고, 계핏가루와 코코아 가루를 넣어 휘젓는다. 오븐에서 구운 견과류와 코코넛 플레이크, 통깨, 치아씨를 넣고 섞으면 뮤즐리 완성.

5 테두리가 있는 베이킹트레이에 유산지를 두르고 뮤즐리를 펴 담는다. 뮤즐리가 완전히 식으면 부숴 밀폐 용기에 담는다.

6 뮤즐리에 그릭 요구르트를 곁들여 낸다.

마늘, 생강, 강황 수프

재료

채수 1500ml
마늘 2통 → 수평으로 반 가르기
생강 1개 → 얇게 슬라이스
생월계수 잎 2장
건월계수 잎 3장
강황 가루 1큰술
통후추 1작은술
고수씨 1작은술
고추기름 2큰술(선택 사항)
고수 1줌 → 찢기
소금과 후추

준비 및 조리: 45분

분량: 4인분

1 냄비에 채수를 받고, 마늘, 생강, 월계수 잎, 강황, 통후추, 고수씨를 넣어 끓인다.

2 채수가 끓기 시작하면 불을 줄여 30분간 보글보글 끓인다.

3 깨끗한 냄비에 채수를 체로 내려 담는다. 중불에 올려 채수가 ¼ 남짓으로 줄어들 때까지 졸인다.

4 입맛에 따라 소금과 후추로 간하고, 고추기름을 더한다.

5 그릇에 수프를 나눠 담고 고수를 올리면 완성.

비트 카르파초

재료

양조식초 250ml

팔각 1개

카르다몸 4깍지

계피 1개

설탕 1큰술

소금 ½작은술

삶은 비트 250g → 얇게 슬라이스(팁 참고)

드레싱

꿀 50ml

소금 ¼작은술

말린 오레가노 1큰술

말린 타임 1작은술

고명

올리브유 2작은술

염소젖 치즈 2큰술

구운 헤이즐넛 1줌

박하 잎

준비 및 조리: 1시간 20분

분량: 4인분

1 그릇에 식초, 향신료, 설탕, 소금과 비트를 담아 버무린다. 랩을 씌워 상온에서 1시간 재운다.

2 그 사이 다른 그릇에 꿀, 소금, 말린 허브를 담고 섞어 드레싱을 만든다.

3 비트를 재운 그릇에서 물기를 따라 버린다. 비트에 드레싱 1큰술을 넣고 버무린다. 앞접시에 비트를 가지런히 담고, 남은 드레싱을 뿌린다. 올리브유, 염소젖 치즈, 헤이즐넛과 박하를 올리면 완성.

Tip!

비트를 만돌린 슬라이서로 썰면 얇디얇은 카르파초를 만들 수 있다.

새로운 기분 속에서
사유를 방해하던 걸림돌은
사라지고, 수수께끼를 해결할
방법이 떠오른다. 그렇게
몇 달 동안 발목을 잡던
딜레마를 건넌다.

‘민첩한 사유’

대부분의 시간에 우리의 생각은 무겁고 뻔하며 느리다. 익숙한 생각의 샛길만을 왔다 갔다 반복하는 것이다. 이는 우울하지는 않더라도 다소 비관적인 느낌이다. 하지만 아주 가끔, 우리는 재빠르고 날래며, 더욱 충동적이지만 창의적인 기분에 가닿기도 한다. 마치 우리 의식에 기다란 다리라도 자라나서 지금까지 기어서 오가던 사유의 지평을 성큼성큼 걷는 것만 같다. 새로운 기분 속에서 사유를 방해하던 걸림돌은 사라지고, 수수께끼를 해결할 방법이 떠오른다. 그렇게 몇 달 동안 발목을 잡던 딜레마를 건넌다.

우리는 갑자기 전혀 새로운 방식의 시도를 상상할 수 있다. 삶을 완전히 재정립할 수 있을지도 모른다. 대담한 대화를 통해 관계를 새롭게 변화시키고, 어쩌면 독창적인 영감을 밑거름으로 삼아 커리어가 새로운 방향으로 나아가도록 이끌 수도 있다. 시야가 넓어지면 향후 며칠이 아니라 앞으로 몇 년이 눈에 훤히 들어온다. 생각이 가벼워지고 자유로워진다는 의미는 사유라는 자동차의 앞유리를 가리던 먼지와 거미줄이 말끔히 치워지고, 지평선 너머의 풍경을 선명하게 바라본다는 뜻이다.

따뜻한 퀴노아, 시금치, 표고버섯 샐러드

재료

퀴노아 200g → 물로 세척하기
닭 육수 또는 채수 750ml
시금치 150g → 물에 헹구기
올리브유 2큰술
표고버섯 200g → 굵게 다지기
마늘 1쪽 → 곱게 다지기
레몬즙 ½개분
소금과 후추

준비 및 조리: 35분

분량: 4인분

1 큰 냄비에 퀴노아를 담고 중불에 올려 물기가 날아가고 노릇노릇해지도록 볶는다.

2 앞의 냄비에 육수를 받고 중불에 올려 보글보글 끓인다. 육수가 끓기 시작하면 뚜껑을 덮고 퀴노아가 부드러워질 때까지 약불에서 15~20분간 끓인다.

3 냄비를 불에서 내린다. 뚜껑을 열어 시금치를 넣고, 다시 뚜껑을 덮어 그대로 식힌다.

4 육수가 식는 사이, 큰 프라이팬이나 소테팬에 올리브유를 두르고 중불에 올려 달군다. 표고버섯, 마늘, 소금 넉넉하게 1자밤을 넣고 노릇해지도록 5~7분간 볶는다.

5 포크로 퀴노아 알갱이를 헤치고 시금치를 섞는다. 볶은 표고버섯을 넣는다. 입맛에 따라 레몬즙, 소금, 후추로 간한다.

6 따뜻할 때 그릇에 나눠 담아서 내면 완성.

호두 된장 국수

재료

호두 75g

식용유 4큰술

마늘 1개 → 으깨기

백미소(일본 된장) 2큰술

양조식초 2큰술

꿀 1작은술

메밀면 250g

아스파라거스 250g → 밑동 자르고 어슷썰기

통깨 1큰술

쪽파 2대 → 푸른 윗동만 곱게 썰기

소금

준비 및 조리: 15분

분량: 4인분

1 기름을 두르지 않은 팬에 호두를 담아 중불에 올리고, 향이 피어오르고 노릇해지도록 1~2분간 굽는다.

2 푸드프로세서에 구운 호두와 식용유, 마늘, 된장, 식초, 꿀, 소금 1자밤을 넣고 갈아서 부드러운 호두 드레싱을 만든다.

3 큰 냄비에 물을 받아 끓인다. 메밀면을 넣어 안내된 조리 시간보다 1분 덜 삶고, 아스파라거스를 넣어 마저 삶는다.

4 냄비에서 메밀면과 아스파라거스를 건져 얼음물에 담가 식히고, 키친타월 위에 펼쳐 물기를 제거한다.

5 믹싱볼에 메밀면과 아스파라거스를 담고 호두 드레싱과 통깨를 얹어 버무린다.

6 그릇에 나눠 담고 쪽파를 올리면 완성.

린그린 민트 스무디

재료

사과 2개 → 씨 발라내고 깍둑썰기
바나나 1개 → 썰기
오이 1개 → 썰기
레몬 1개 → 착즙하기
시금치 50g
찬물 300ml
저지방 요구르트 60g
얼음 250g
민트 1줌

준비 및 조리: 5분

분량: 2인분

1 푸드프로세서에 모든 재료를 넣고 매끄럽게 어우러지도록 갈면 완성.

2 너무 뻑뻑하면 물을 추가해서 간다.

우리는 보통 지적인 사람은 수준 높은 사유를 한다고 여긴다. 하지만 똑똑한 사람 역시 특유의 결함에 희생되기도 한다. 지나치게 관념적으로만 생각하거나, 육체적이고 감각적인 영역으로 생각을 확장하지 못하는 경향이 바로 그것이다. 이성은 그 자체로 지배적일 수 있다.

우리는 기술적으로는 인상적일지 몰라도 감정이 메마르고 실제 경험과 단절된 사유에 빠질 위험이 있다. 그 결과 학술적으로는 논리적이지만 관중을 감동시키거나 동기를 부여하지 못하는 사상에 집착한다.

과도하게 이성적으로 행동하면 삶을 편하게 사는 데 중요한 것들을 상당 부분 잊거나 무시하기 쉽다. 지나치게 이성적인 디자이너는 20세기 중반 바우하우스 철학을 도발적으로 암시해 아름답지만 앉기에는 엄청나게 불편한 의자를 만든다. 지나치게 이성적인 정치인은 이론적으로 훌륭하지만 시민들의 특징과 현실 감정을 반영하지 않는 정책을 입안하여 커다란 재앙을 초래한다. 지나치게 이성적인 역사학자는 모든 사실을 정확하게 이해하더라도 좋은 이야기를 알리는 일에 소홀하다.

그렇다고 이성을 무시하라는 이야기는 아니다. 이성에 무엇인가 더하는 방법이 현명하다는 말이다. 기억, 욕망, 맛, 냄새와 본능적인 경험 등을 이성과 엮는 것이다. 지나칠 정도로 이성적이라면 그렇지 않은 면에 계속해서 초점을 맞춰야 한다. 가령 음식은 미각을 활성화시켜 활동을 중지한 채 절멸의 위기에 처한 감각과의 연결을 다시금 일깨우는 최적의 방법이다.

감각을 활성화하는 데 야외에서의 식사만큼 탁월한 방법이 또 없다. 인간이 지나치게 이성적이고 관념적이라고 생각했던 철학자 장 자크 루소는 스위스에서 여름을 맞을 때면 하루에 적어도 한 끼는 숲이나 제네바의 호숫가에서 식사를 즐기면서 문제를 해결하려고 했다. 박사 학위 과정에 있거나 학문에 남다른 뜻이 있는 사람이라면, 소풍이 생각을 통제하는 남다른 효과가 있다는 점을 염두에 두자.

그뤼에르, 머스터드, 피클 샌드위치

재료

빵 8쪽

버터 60g → 상온에 두어 부드럽게 만들기

디종 머스터드 2~4큰술

그뤼에르치즈 200g → 얇게 슬라이스

오이 피클 ½~1개 → 얇게 슬라이스

준비 및 조리: 5분

분량: 4인분

1 빵 네 쪽에 버터, 나머지 네 쪽에 머스터드를 각각 바른다. 머스터드의 양은 입맛에 따라 조절한다.

2 버터를 바른 면에 그뤼에르치즈와 피클을 올린다. 머스터드를 바른 면이 아래로 가도록 빵을 덮으면 완성.

3 유산지나 종이봉투로 포장해서, 근처 공원에서 즐긴다.

토마토와 파르메산치즈 타르트

준비 및 조리: 1시간 20분

분량: 4인분

페이스트리

중력분 300g(두를 것 별도)

소금 ½작은술

베이킹파우더 ¼작은술

무염 버터 150g → 깍둑썰어 냉장 보관하기

얼음물 3~4큰술

달걀 1개 → 물 1큰술 넣고 풀기

타르트 소

토마토 4개

선드라이 토마토 80g → 굵게 슬라이스

올리브유 4큰술

마늘 1쪽 → 다지기

말린 오레가노 1작은술

말린 바질 ½작은술

바질 잎 1줌

파르메산치즈 50g → 강판에 갈기

소금과 후추

페이스트리 만들기

1 푸드프로세서에 밀가루, 소금, 베이킹파우더, 버터를 담는다.

2 내용물이 빵가루와 비슷하게 보슬보슬해질 때까지 2초간 돌리고 멈추기를 반복한다. 반죽이 한데 뭉쳐지면 얼음물을 1큰술씩 더하면서 2초간 돌리고 멈추기를 반복해 반죽을 만든다.

3 밀가루를 두른 작업대에 반죽을 올려 치댄다. 반죽을 랩으로 싸서 냉장고에 넣고 30분간 숙성시킨다.

4 차가워진 반죽을 냉장고에서 꺼내고, 오븐을 180°C로 예열한다.

5 밀가루를 두른 작업대에서 반죽을 지름 23cm, 두께 0.5cm로 둥글게 민다.

6 둥글게 민 반죽을 지름 23cm짜리 타르트틀에 담고, 가장자리를 접어 타르트 테두리를 만든다. 반죽 바닥을 포크로 고루 찌르고 달걀물을 바른다.

소 만들기

7 토마토를 만돌린 슬라이서로 얇게 저민다. 날카로운 식칼을 사용해도 좋다. 페이스트리에 토마토와 선드라이 토마토를 고르게 올리고 소금으로 간한다.

8 믹싱볼에 올리브유, 마늘, 말린 허브들을 담아 휘젓는다. 토마토 위에 이를 고루 바른다.

9 타르트틀을 오븐에 넣고 반죽 밑면이 노릇해지도록 25~30분간 굽는다.

10 오븐에서 타르트를 꺼내 잠깐 식힌다. 바질 잎, 후추, 파르메산치즈를 얹으면 완성.

스카치 에그

재료

달걀 8개
돼지고기 소시지 600g
디종 머스터드 1큰술
세이지 1작은술
타임 1작은술
파슬리 1작은술
옥수수 가루 70g
거친 팡코 빵가루 180g
식용유 1500ml(튀김용)
소금과 후추

준비 및 조리: 40분

분량: 6인분

1 큰 냄비에 물을 받아 끓이고, 달걀 6개를 넣어 6분간 삶는다. 삶은 달걀은 얼음물에 담가 식힌다.

2 조심스럽게 달걀 껍데기를 깐다. 껍데기 부스러기는 물로 씻고 키친타월로 물기를 제거한다.

3. 소시지의 껍질(케이싱)을 제거한다. 믹싱볼에 소시지, 머스터드, 각종 허브, 넉넉하게 소금과 후추를 담는다. 손으로 주물러 한데 섞는다.

4 섞은 재료를 6등분하여 살포시 모양을 잡으면서 달걀을 완전히 감싼다.

5 첫 번째 얕은 접시에 옥수수 가루를 담는다. 두 번째 얕은 접시에 남은 달걀을 풀고 소금과 후추로 간한다. 세 번째 얕은 접시에 팡코 빵가루를 담는다.

6 달걀을 옥수수 가루에 굴리고 남은 건 털어낸다. 달걀물과 빵가루에도 차례대로 묻혀 튀김옷을 입히고 남은 건 털어낸다.

7 튀김옷을 입힌 달걀을 유산지 두른 제과제빵팬에 올린다. 랩을 씌워 냉장고에서 식힌다.

8 바닥이 두툼한 냄비에 식용유를 받아 180°C로 데운다. 온도계로 식용유 온도를 정확히 측정한다.

9 식용유가 데워지면 튀김옷을 입힌 달걀을 세 개씩 담가 겉이 노릇하고 바삭해지도록 4분간 튀긴다.

10 튀긴 스카치 에그를 건져 키친타월을 두른 쟁반에 올려 기름기를 제거한다. 식지 않도록 은박지로 가볍게 덮어 두고 나머지 스카치 에그를 모두 튀기면 완성.

흔히들 큰 책상을 갖춘 완벽하게 조용한 방이 창의적으로 생각하기에 최적의 장소라고 추측한다. 자연광이 풍성하게 들어오고 창밖으로 강이나 공원 풍경이 눈에 들어오면 창의력이 샘솟을 것 같다. 하지만 우리가 사유하는 원리를 감안하면 진짜 관건은 공간이 아니다. 비좁은 책상이나 재미없는 창밖 풍경 탓에 새롭고 유용하며 독창적인 생각이 안 떠오르는 게 아니라는 말이다. 진짜 중요한 문제는 불안이다.

우리가 해야 하는 심오한 생각은 대체로 불안을 내재하고 있다. 정확하게 집어내고 중요성을 확인하려면 위험을 감수해야 한다. 과거에 소중했던 신념이 그다지 현명하지 않았다거나 과거의 판단 착오를 되새겨야 할지 모른다. 삶에 중요하고도 어려운 변화를 이끌어내야 할 상황을 마주할 수 있다는 의미다.

이처럼 찾아올 변화의 그림이 또렷해지기 시작하면, 성장보다 평온을 선호하는 내적 검열관이 이를 알아차린다. 창의력이 발휘되기 전에 중단되는 이유다. 경계심 많은 자아가 동요하면 피로를 느끼고 인터넷이나 들여다보고 싶어진다. 사고의 흐름을 능수능란하게 혼란에 빠트리고 흐트러뜨리는 것이다. 이는 비록 중요하고 흥미로운 기능이지만, 단기적인 평화를 노골적으로 위협했던 창조적 사유를 향한 진전을 가로막는 결과를 낳는다.

창조적으로 사유하는 가장 좋은 방법 중 하나는 단순히 생각만 하지 말고 다른 일을 병행하는 것이다. 숲을 거니는 것도 좋다. 한 발짝씩 내디디는 일에 열중하다 보면, 우리의 정신 저 너머에서 절반만 형성되어 있었던 독창적인 발상이 의식의 수면 위로 떠오르는 기회를 만나기도 한다. 의도가 없었으므로 더 자유롭고 용감하게 생각하는 것이다. 방심한 채 이끼가 잔뜩 낀 나이 많은 나무의 뿌리 사이를 거니는 동안 훌륭한 사유가 머릿속에서 튀어나오는 이유다.

고속도로 드라이브나 호수에서의 수영은 강력하지는 않아도 머리를 식힐 수 있는 충분한 방법이다. 그저 우리 정신의 나태하고도 소심한 일부가 더 독창적이고도 대담한 생각을 방해하지만 않으면 되는 것이다.

음식은 이런 창조적 사유를 두가지 방법으로 확실하게 돕는다. 첫째, 복잡한 요리를 준비할 때 사고력은 대부분 레시피를 따라하는 데 쓰인다. 하지만 그런 가운데에도 덜 다듬어진 거친 생각이 떠오를 공간은 충분히 남아 있다. 어쩌면 소스를 졸이거나 고기를 바싹 구우면서 소중한 생각이 불현듯 발견될지 모를 일이다.

둘째, 간식이나 부담스럽지 않은 음식은 걷기나 수영과 같은 역할을 한다. 덫에 걸린 통찰력을 풀어줄 정도로만 집중을 방해하는 것이다. 편안한 의자에 그릇을 들고 앉아 콩깍지를 벗겨내거나 피스타치오 혹은 호두 껍데기를 깨면서 보석 같은 사유를 뽑아내는 미묘한 작업에 가담하게 된다.

미국의 수필가 랠프 월도 에머슨은 이렇게 말한 바 있다. “천재의 사고방식에서 우리는 방치된 자신의 생각을 찾을 수 있다.” 달리 말해, 소위 천재들이라고 우리와 다르게 생각하지 않는다. 그들은 다만 선입견으로 방해받지 않고, 거리낌 없이 생각할 뿐이다. 그들은 우리 모두가 품고 있지만 대체로 너무 불안하거나 주의를 기울일 여유가 없어 외면한 길을 찾은 것이다.

우리는 진짜 사유가 무엇인지, 또 어디에서 벌어지는지 상상해 볼 필요가 있다. 또한 창조적 사유의 적이 작은 책상이나 시시한 풍경이 아니라는 사실을 알아야 한다. 거의 언제나 창조적 사유의 적은 불안이다. 푹콩한 사발이나 복잡한 비둘기 요리만큼이나 불안에서 벗어나기 좋은 치료제는 없다.

준비할 요리:
셀러리 퓌레, 카볼로 네로, 블랙베리, 레드와인 소스를 곁들인 비둘기 통구이

재료

비둘기 고기 4마리
버터 60g
양파 1개 → 잘게 깍둑썰기
당근 1개 → 잘게 깍둑썰기
셀러리 줄기 1대 → 잘게 깍둑썰기
꿀 1큰술
레드와인 250ml
닭 육수 500ml
블랙베리 1줌
올리브유 1큰술
소금과 후추

셀러리 퓌레

셀러리 1개(약 500g) → 껍질 벗기고 잘게 썰기
우유 250ml
버터 30g
소금 1자밤

카볼로 네로

카볼로 네로(케일) 잎 4~5장
버터 15g

준비 및 조리: 2시간 30분
분량: 4인분

1 오븐을 200°C로 예열한다.

2 비둘기의 다리를 잘라내고 가슴살을 발라낸다. 다리를 후추와 소금으로 간하고 오븐에 넣어 노릇해지도록 10분간 굽는다.

3 다리를 굽는 사이, 팬에 버터를 넣고 중불에서 녹인다. 양파, 당근, 셀러리를 넣고 양파가 투명해지고 숨이 죽을 때까지 5분간 볶는다. 꿀을 넣고 캐러멜화가 되면 레드와인을 붓는다. 절반으로 졸아들면 닭 육수를 넣어 끓인다.

4 구운 비둘기 다리를 넣어 약불에서 1시간 보글보글 끓인다. 체로 내려 깨끗한 팬에 담는다. 블랙베리를 더해 살짝 물러질 때까지 끓여 레드와인 소스를 만든다.

5 팬에 잘게 썬 셀러리를 넣고, 셀러리가 잠기도록 우유를 붓는다. 버터 한 덩이를 넣고 불에 올린다. 부글부글 끓기 시작하면 불을 줄이고 부드러워질 때까지 보글보글 끓인다. 블렌더로 매끄럽게 갈아 셀러리 퓌레를 만든다. 뻑뻑하다 싶으면 물을 추가하고 입맛에 따라 간한다.

6 오븐의 온도를 240°C로 올린다.

7 팬에 올리브유를 두르고 불에 올려 달군다. 팬이 달궈지면 비둘기 가슴살의 껍질이 팬 바닥에 닿도록 올려 5~6분간 지진다. 껍질이 바삭해지면 5분간 두었다가 가슴살만 발라낸다.

8 가슴살을 휴지시키는 동안, 카볼로 네로 이파리 몇 장을 끓는 물에 데치고, 거품을 내는 버터가 담긴 팬에 넣는다. 소금과 후추로 넉넉하게 간한다.

9 가슴살과 카볼로 네로를 접시에 정리해 올린다. 주변에 셀러리 퓌레와 레드와인 소스를 점점이 올린다. 남은 블랙베리 몇 알을 올려 장식하면 완성.

창조적으로 사유하는
가장 좋은 방법 중 하나는
단순히 생각만 하지 말고
다른 일을 병행하는 것이다.

먹을 것:
풋콩

재료

깍지 풋콩 300g

물 1000ml

소금 3큰술

통깨(선택 사항)

준비 및 조리: 7분

분량: 4인분

1 소금 1큰술로 깍지 풋콩을 문질러 겉면의 털을 제거한다.

2 큰 냄비에 물을 받아 남은 소금을 넣고 끓인다.

3 끓는 물에 풋콩을 넣고 3~5분간 삶는다.

4 끓는 물을 따라 버리고, 삶은 풋콩은 찬물로 헹궈 식힌다. 소금 약간으로 간하고 통깨를 솔솔 뿌리면 완성.

5. 입에 콩깍지를 넣어 위아랫니로 물고, 손으로 콩깍지를 잡아당겨 콩알을 맛본다.

어느 시점에 이르러 우리는 소위 '죄'라고 부르는 퇴폐의 나락으로 떨어지고 있음을 깨닫는다. 컴퓨터 앞에 앉아 너무 많은 시간을 보내거나, 일을 충분히 하지 않고, 사랑하는 이들에게 시간을 할애하지 않거나, 이기적이고 비열하게 굴면서 타인에게 받은 만큼 베풀지 않는 행동이 대표적이다. 그러다 보면 자기혐오 일보 직전에 이르게 된다. 우리는 이전과 다른, 더 낫고 깨끗한 인간이 되고 싶다. 외면은 물론 내면까지 말이다.

종교는 그런 이들의 마음을 아주 잘 헤아리고 나름의 체계와 나아갈 방향을 제시해 왔다. 종교가 특정한 음식을 조금 먹거나 아예 먹지 않는 식생활과 도덕적인 삶에 대한 열망을 연결시킨 것은 우연이 아니다. 유대교 신자는 속죄일인 욤 키푸르에 단식하고, 무슬림은 라마단 기간 동안 일출부터 일몰까지 물조차 삼키지 않는다. 기독교는 재의 수요일부터 부활절 전주의 성토요일까지 사십 일의 사순절 동안 굉장히 엄격한 식생활을 준수해야 하며, 힌두교 신자 다수는 일주일에 하루씩 단식을 한다.

물론 종교가 음식에 반대하는 건 아니다. 단식은 오히려 우리가 얼마나 식사를 사랑하고, 또한 식사가 우리의 생각을 얼마나 지배하는지 기리는 의식이다. 그런데 의도적으로 음식을 조금씩 덜 먹다 보면 다른 관심사나 걱정이 표면 위로 드러나곤 한다. 다른 이들에게 잘못했던 일에 대한 슬픔이나 고귀한 이상에 대한 헌신, 육체적 욕망과 관심을 자중하고 싶은 소망이 스멀스멀 피어오른다.

종교 밖에서도 일정 기간 동안의 단식 혹은 절제된 식생활은 통제가 불가능하다는 느낌에 대응하는 데 꽤나 유용하다. 아주 생생하고도 기본적인 방식으로써, 절제력을 발휘해 육체보다 정신이 우월하다는 걸 새삼 깨닫게 만든다. 그렇게 고삐 풀린 자아를 다스리는 연습을 하는 것이다.

성장하고 싶은 욕구는 인간이 가진 가장
강력한 동기 중 하나다. 우리는 삶의 현실과
이상 사이의 고통스러운 간극에 충격을
받곤 한다. 후회할 만한 말을 입에 담고,
타인에게 친절을 베풀지 않으며, 나쁜 습관을
떨쳐 내지도 못한다. 우리는 더 집중력을
발휘해 노력하고, 단호함과 자신감을 갖기를
갈망한다.

그럴 때 음식은 우리가 직접 설정한 목표를
이루기 위해 필요한 자극을 제공한다.
도덕을 향한 우리의 욕망을 가끔은 자몽
반 개나 샐러드를 잔치라도 벌이듯 소중히
먹으려는 결심으로 승화시킬 수 있다. 작은
접시에 담긴 회는 새롭고도 원칙에 충실하며
정의로운 영혼의 성장을 약속한다. 어떤
경우 감자튀김을 먹으려는 욕구에 저항하는
시도는 단순히 실용적인 차원을 넘어
도덕적인 행동으로 나아간다.
더 나은 사람이 되려는 우리의 노력은 접시에
담기거나 혹은 담기지 않은 것으로 우리의
윤리적 야심을 증명한다.

해초 샐러드

재료

양조식초 2큰술
아몬드버터 1큰술
아보카도 기름 110ml
단단한 두부 300g → 깍둑썰기
검은깨 55g
흰깨 55g
생다시마 110g → 굵게 채썰기
굵게 다진 물미역 150g → 굵게 썰기
소금과 후추

준비 및 조리: 15분
분량: 4인분

1 작은 믹싱볼에 식초, 아몬드버터, 소금과 후추를 담는다. 아보카도 기름을 천천히 더하면서 내용물을 휘저어 드레싱을 유화시킨다.

2 두부를 깨에 굴리고, 두부에서 깨알이 떨어지지 않도록 손으로 가볍게 누른다.

3 드레싱에 해초를 버무리고, 두부와 함께 그릇에 담으면 완성.

케일 렌틸콩 스튜

재료

올리브유 2큰술
양파 1개 → 곱게 다지기
당근 2개 → 깍둑썰기
셀러리 줄기 2대 → 깍둑썰기
마늘 2쪽 → 곱게 다지기
렌틸콩 200g → 물에 헹구기
채수 1250ml
케일 150g → 이파리만 굵게 썰기
고춧가루 1자밤(선택 사항)
우스터소스
소금과 후추

준비 및 조리: 55분

분량: 4인분

1 큰 냄비에 올리브유를 두르고 중불에 올려 뜨겁게 달군다. 양파, 당근, 셀러리, 마늘과 소금 1자밤을 더해 숨이 죽을 때까지 8~10분간 볶는다.

2 렌틸콩을 더하여 섞고, 재료들이 잠기도록 채수를 붓는다. 채수가 부글부글 끓기 시작하면 국자로 거품을 걷어내고 렌틸콩이 부드러워질 때까지 30분간 보글보글 끓인다.

3 케일과 고춧가루를 더한다. 케일 숨이 죽을 때까지 3~4분간 더 보글보글 끓인다. 입맛에 따라 소금과 후추, 우스터소스로 아주 넉넉하게 간한다.

4 그릇에 나눠 담고 곁이 바삭한 빵을 곁들이면 완성.

고추냉이 소스와 참치회

재료

참치 필렛 250g → 팁 참고
달걀노른자 2개분
고추냉이 1½큰술
양조식초 2큰술
소금
무염 버터 150g → 녹여서 식히기
통깨 1큰술
생강 초절임 2큰술

준비 및 조리: 25분

분량: 4인분

1 참치를 랩으로 싸서 냉동실에 15분 이상 식힌다. 그 사이 고추냉이 소스를 만든다.

2 푸드프로세서에 달걀노른자, 고추냉이, 식초와 소금 1자밤을 넣는다. 뚜껑을 덮고 매끄럽게 어우러질 때까지 2초간 돌리고 멈추기를 반복한다.

3 푸드프로세서를 작동하면서 유화가 일어나 걸쭉해질 때까지 녹인 버터를 한 줄기로 조금씩 흘려 더한다. 푸드프로세서 용기의 벽면을 스패출러로 가끔 긁어준다. 입맛에 따라 소금으로 간해 고추냉이 소스를 만든다.

4 냉장고에서 참치를 꺼내 랩을 벗기고 날카로운 식칼로 얇게 저민다.

5 고추냉이 소스를 작은 그릇에 담아 접시 한가운데에 올린다.

6 참치를 소스 주변에 보기 좋게 담고 통깨를 솔솔 뿌린다. 생강 초절임을 옆에 곁들이면 완성.

Tip!
참치는 요리 전체의 완성도에 아주 중요하므로 가장 품질이 좋은 재료를 사용한다.

음식은 우리가 직접
설정한 목표를 이루기 위해
필요한 자극을 제공한다.

오전 7시부터 오후 7시까지 다른 음식 없이 천천히 마실 물 한 컵, 소금 간을 하지 않은 무교병, 그리고 사과 한 알

재료

제목 참고

준비 및 조리: 1분

분량: 1인분

1 평소라면 식사를 준비할 시간, 요즘 골치를 썩이는 일에 대해 숙고한다.

2 식탁을 치우고 설거지를 하는 대신 내일을 맞이할 마음의 준비를 다진다.

III

대화

Convers-
ation

1. 잘 말하고, 잘 듣기

좋은 식사에는 좋은 대화가 따라야 한다는 데 모두가 공감할 것이다. 음식을 먹으며 나누는 대화는 확실히 문명이 만든 중요한 즐거움이다.

하지만 좋은 식사와 좋은 대화의 기준에는 커다란 차이가 존재한다. 식사라면 저마다 노력을 기울인다. 요리책을 사고, 수업도 듣고, 최상급의 기술로 만든 조리 도구를 주방에 들여 놓고, 요리 솜씨를 가다듬는 시간을 들인다. 반면 대화는 그저 우연히 잘 되기만을 바라는 경우가 허다하다. 재채기를 하거나 눈을 깜빡이는 수준의 수고를 들이면 된다고 여길 뿐이다. 우리는 만족스러운 토론이란 우연히 알아서 벌어지는 일이며, 통제하거나 유도될 수 없다고 막연히 단정짓는다.

이처럼 번지수 틀린 낭만적인 믿음 탓에 가장 맛있고도 독창적인 요리를 심오하고도 친절한 이들과 함께 먹으면서도 분위기를 망친다. 고루하고 감정이 결여되어 있으며, 해도 그만 안 해도 그만인 대화나 주고받기 때문이다. 대화는 드문드문 이어지고 화제는 들쭉날쭉하며 이야기는 피상적으로 가로막히면서 영양가 없는 일화나 공유할 뿐이다. 디저트를 먹을 때가 되면 이미 지쳐서는, 맹렬한 누군가가 고정 관념에 얽매인 소리를 떠들도록 내버려 둔다. 생선은 완벽하게 익었고 소르베는 잊을 수 없을 만큼 맛있었지만, 함께 식사한 사람들과의 교감은 처절하게 실패한 채 숟가락을 놓자마자 자리에서 일어난다.

그래도 좋은 소식이 있다. 대화의 기술은 요리 기술 이상으로 배우기 어렵거나 불가능하지 않다. 우리는 그저 좋은 대화의 필요성을 느끼고, 더 좋은 화자이자 청자가 되기 위한 몇 걸음만 내디디면 된다. 대화를 개선하는 첫 단추는 현재와 과거에 대한 겸손한 태도다.

누구에게나 지루한 면모가 존재한다. 다만 아무도 대놓고 말하지 않아서 모를 뿐이다. 부모님은 우리를 너무 사랑해서, 친구들은 그다지 신경을 쓰지 않아서, 헤어진 전 애인은 귀찮게 하기 싫어서 침묵했을지 모른다. 하지만 엄연한 사실은 우리는 성인이 된 이후 계속해서 지루한 인간으로 살아왔다는 것이다.

지루하게 살아서 지루한 게 아니다. 우리 삶을 이야기로 풀어내지 못하기 때문에 지루해지는 것이다. 대표적인 예를 몇 가지 들어 보자.

첫째, 세부적인 사실에 계속 집착한다. 사건 자체가 아니라 그에 대한 감상을 이야기할 때 사람들이 흥미를 품는다는 사실을 깨닫지 못하고, 사건이 발생한 시간과 장소와 과정만 계속 설명한다.

둘째, 반대로 겪은 감정에 압도되어 상황은 일체 설명하지도 않고 자기 기분만 떠든다. 다른 사람들도 공감할 수 있도록 감정을 정확히 풀어내는 대신에 "너무 아름다웠지"나 "세상에서 가장 무서운 일이었어"라는 식으로만 계속 말하는 식이다.

셋째, 이야기가 막 재미있어지려 할 때 겁을 먹는다. 참을 수 없는 슬픔, 혼돈, 흥분을 불러일으키는 우리 자신의 감정이 두려워지는 것이다. 그래서 이야기를 피상적으로 전달해 버리고 만다.

넷째, 하나의 이야기에 집중하지 못하는 점도 문제다. 머릿속에 너무나 많은 걸 담고 있다 보니 본론에서 벗어난 엉뚱한 줄거리를 계속 끄집어내는 것이다. 그 결과 어떤 이야기도 다른 이에게 제대로 전달되거나 구체적으로 상황을 그려 볼 기회를 제공하지 못한다.

그럼에도 또 하나의 좋은 소식이 있다. 진정한 의미에서 지루한 사람은 없다는 것이다. 단지 다른 사람에게 우리 내면의 깊은 이야기를 전달할 엄두를 내지 못하거나 또는 전달할 방법을 모를 때에 지루한 인간으로 전락할 위기에 봉착할 따름이다. 인간이라는 동물은 본질적으로 정직하고 가식이 없으며, 그 모든 바람과 격렬한 욕구와 절망에 이끌이기에 언제나 흥미롭다. 어떤 사람을 지루하다고 치부할 때, 우리는 그저 상대가 자신의 이야기를 타인에게 설명하고 공감을 이끌어낼 용기나 노력이 부족하다고 지적할 따름이다. 자신이 갈망하고, 시기하고, 후회하고, 슬퍼하고, 꿈꾸는 것에 대해 생생하게 잘 이야기한다면 예외 없이 누구나 자신의 매력을 증명할 수 있다.

재미있는 일을 겪어야만 매력적인 사람이 되는 것이 아니다. 세계를 여행하며 유명인을 만나거나 매우 중요한 지정학적 사건을 겪어야만 매력을 얻는 건 아니라는 말이다. 문화나 역사, 과학의 굵직한 주제를 배운 듯한 어휘로 말하는 사람이라고 언제나 매력적이지는 않다. 주의를 기울이고 자기 자신이 어떤지 아는 청자, 자신의 정신과 마음을 충실하게 전하는 특파원, 그리하여 살면서 겪는 파토스와 드라마와 기묘함을 충실하게 설명하는 사람이 매력적이다.

타인에게 매력을 얻는 일에는 특별한 재능이 따로 없으며, 필요하지도 않다. 오직 정직함과 집중력만이 요구된다. 우리가 재미있다고 여기는 이들은 본질적으로 사회적인 상호작용에서 모두가 원하는 것에 민감하게 반응한다. 삶이라 불리는 짧지만 깨어 있는 꿈을, 검열받지 않은 타인의 눈으로 들여다보고는 안심시키는 사람들이다. 우리만이 삶에 그렇게 놀라고 까다롭게 굴지 않는다고 말이다.

아무리 오래 걸리더라도 친구를 새로이 사귀고, 청중을 안심시키며, 연인을 위로하고, 고독한 이의 외로움에 공감할 뿐 아니라 적에게도 선의를 얻는 데 실패하지 않는 특별한 방법이 있다. 바로 자신의 흠을 고백하는 것이다.

아무리 들어도 어떠한 교훈을 제공하지 못하는 말들이 있다. '실패했다, 슬프다, 다 우리 잘못이다, 애인이 나를 좋아하지 않고, 외로우며, 모든 게 다 끝장나기를 바란다' 등등. 이런 말들은 인간 본성의 추악함을 드러내는 신호이지만, 진실은 그보다 훨씬 가슴 아프다. 우리는 타인의 실패담을 듣고서 마구 떠벌리지 않는다. 살아 있기에 겪는 끔찍한 어려움을 혼자만 짊어지지 않았다는 사실에 안심하기 때문이다. 주변 사람들 역시 나와 같은 고난을 겪는다는 증거란 좀처럼 찾기 어려운 탓에, 세상에서 나 혼자 저주받았다고 의심하기 너무 쉽다.

우리는 완벽하기 위해 너무 많이 노력한다. 하지만 아이러니하게도 타인에게 매력적인 것은 완벽함이 아니라 실패다. 사람들은 나 혼자가 아니라 우리 모두가 너무 외롭고 쓸쓸하다는 외적 증거를 듣고자 하기 때문이다. 우리의 성생활이 얼마나 비정상적인지, 커리어 쌓기가 얼마나 고된지, 가족들이 얼마나 불만족스러운지, 늘 걱정을 짊어지고 산다든지 하는 문제는 모두에게 익숙하기에 동질감을 자아낸다.

누군가는 상처를 드러내는 일은 위험을 동반한다. 비웃는 사람이 있고, 소문내기 좋은 건수를 잡았다고 여길 것이다. 그런데 그게 바로 핵심이다. 우리는 타인에게 자신을 놀릴 기회를 제공하면서 친해진다. 그런 의미에서 우정이란 타인으로부터 소중한 무언가, 즉 자존감과 존엄성의 열쇠를 받았다는 사실을 인정하고 그에 상응하는 배당으로 지급한 고마움이라고 할 수 있다. 강해 보이기 위해 많은 노력을 기울이는 건 불행한 일이다. 창피하고 슬프고 침울하고 불안한 우리의 일부를 드러내야 타인에게 사랑받고 낯선 이를 친구로 만들 수 있다는 사실이 드러났음에도 말이다.

약점을 드러내는 정직한 화자만 있다고 좋은 대화가 이루어지지는 않는다. 그만큼 좋은 청자도 필요하다. 좋은 청자 되기란 가장 중요하고도 매혹적인 삶의 기술 가운데 하나다. 하지만 그 기술을 아는 이는 극히 드물다. 우리가 악하기 때문은 아니다. 아무도 가르쳐주지 않았으며, 같은 맥락에서 우리가 충분히 잘 들어주지 않기 때문이다. 우리는 듣기보다 말하기에 욕심을 부리면서 생활한다. 타인과의 만남에 굶주리지만, 타인의 이야기를 듣는 일에는 인색하다. 그렇게 우정은 점차 사회화된 이기주의로 변질된다.

대부분의 일들처럼, 정답은 교육에 있다. 인류 문명은 말하는 방법을 안내하는 훌륭한 책으로 가득하다. 대표적인 고전으로 키케로의 『웅변가에 관하여』나 아리스토텔레스의 『수사학』 두 권을 꼽을 수 있다. 반면 슬프게도 그런 수준으로 쓰인 『듣기에 관하여』 같은 책은 없다. 좋은 청자와 함께 시간을 보내는 일은 즐겁다. 그들과 함께 있으면 부지불식간에 홀린 듯 적극적으로 대화에 참여하게 된다. 어떻게 일터에서 시달리는지 말하고, 더 야심 찬 커리어의 방향을 따져 보고, 이렇게 저렇게 행동하는 게 좋을지

고민하고, 관계는 어려운 국면에 처해 있는데 일이나 삶이 대체로 잘 안 풀리는 것 같다며 투덜댄다. 아니면 무엇인가에 까닭 모를 흥분과 열정을 느낀다고 고백한다.

핵심은 이 모든 게 설명이 필요한 문제라는 점이다. 좋은 청자는 타인과의 대화가 혼란스럽고 동요된 상태에서 벗어나 더 집중하고 (바라건대) 고요해지는 방법이라는 것을 안다. 그들과 함께라면 우리는 정말 무엇이 중요한지 알아낼 수 있다. 다만 현실에서 이런 상황은 잘 벌어지지 않는다. 대화 자체도 분명하지 않고 욕망을 충분히 알아차리지 못하기 때문이다. 무엇보다 좋은 청자가 턱없이 부족하다. 인간은 차분히 듣고 분석하기보다 단호히 주장하길 선호한다. 자신이 걱정하거나 흥분하며 슬프거나 희망적이라는 사실을 다양한 방식으로 이야기하지만, 일반적인 청자는 이야기를 들으면서도 화자가 더 깊이 파고들어가도록 돕지 않는다.

좋은 청자는 여러 대화의 기술을 가지고 이런 경향에 맞서 싸운다. 대화의 주변을 벗어나지 않고 응원의 말을 건넨다. 때로는 긍정적인 몸짓을 조심스레 보이기도 한다. 동정 어린 탄식, 흥을 돋우는 끄덕임, 관심을 가지고 듣고 있다는 전략적인 추임새가 대표적이다. 어쨌든 대화 내내 좋은 청자는 화자가 주제를 더 깊이 파고들도록 격려한다. 그들은 종종 상대에게 이렇게 질문한다. “조금 더 말해줄래요? 방금 말씀하신 이야기 진짜 흥미롭네요, 왜 그렇게 생각해요? 그때 느낌이 어땠어요?”

좋은 청자는 타인과의 대화에서 마주치는 애매모호함을 당연하게 받아들인다. 그들은 애매모호하다고 비난하거나 몰아세우거나 짜증을 내지 않는다. 그들은 애매모호한 상태가 보편적이면서도 중요한 마음의 문제이자 진정한 친구라면 도와야 하는 과제라고 생각하기 때문이다. 좋은 청자는 자신의 마음을 아는 게 얼마나 어렵고도 중요한 일인지 절대 잊지 않는다. 종종 우리는 어떤 특별한 감정을 느끼면서도 정확히 무엇이 우리를 괴롭히거나 흥미롭게 만드는지 특정하지 못한다. 좋은 청자는 대화에 공을 들이고, 구체적인 상황을 설명하고, 앞으로 나아가도록 격려하면 우리의 이야기가 나아질 수 있다고 믿는다.

우리에겐 지루하게 떠들 사람이 아니라 두 음절의 간단한 주문을 속삭일 사람이 필요하다. "더 들려주세요." 아마 형제자매 이야기를 하더라도 그들은 호기심을 내비치면서 어릴 때 사이는 어땠고, 세월이 흐르면서 어떻게 바뀌었는지 물을 것이다. 그들은 우리의 염려와 흥분이 어디에서 왔는지도 알고 싶어 한다. 그래서 이렇게 질문한다. "왜 그렇게 화를 내요? 그게 그렇게 중요한 문제인가요?"

심지어 좋은 청자는 상대의 개인사에도 관심을 기울인다. 상대로 하여금 이전 대화를 되짚어 보고, 더 깊은 대화의 토대가 쌓이는 중이라고 느끼게 만든다. 그저 어떤 것이 사랑스럽다거나 끔찍하다거나 좋다거나 짜증 난다는 식으로 공허하게 이야기하기는 쉽다. 하지만 우리는 그렇게 느끼는 이유를 들여다보려고 하지는 않는다. 좋은 청자는 우리 이야기에 생산적이고도 친근한 의심을 품으며, 그 뒤에 숨겨진 더 깊은 의미를 찾아 접근한다.

그들은 일 때문에 정말 화가 난다거나 애인과의 관계가 좋지 않다는 말을 듣고, 정확히 어떤 점에 그런 감정을 느끼고 그렇게 생각하는 진짜 이유가 무엇인지 생각하게 만든다. 그들은 근본적인 문제를 해결하겠다는 야심을 가지고 타인의 이야기에 귀를 기울이기 때문이다.

대화 주제와 멀어지는 모든 대화의 샛길이나 부차적인 줄거리를 따르지 않는 것은 잘 듣기 위한 기술이다. 좋은 청자라면 대화가 샛길로 새는 게 아니라, 본연의 주제에 초점을 맞추도록 돕는 것이 자신의 목적임을 알고 있다. 그래서 화자가 대화의 샛길로 빠질 때면 "맞아요, 그런데 조금 전에는 이렇게 이야기하셨어요" 또는 "그래서, 무엇이 문제라고 생각하시나요?" 등의 질문을 통해 화자를 다시 본연의 주제로 데려온다.

역설적이게도 좋은 청자는 능수능란한 대화의 방해꾼이다. 하지만 그들은 (다른 사람들과 달리) 자기의 생각을 보태려고 말을 끊지 않는다. 더 진지하지만 끄집어내기 어려운 본연의 관심사로 화자가 다시 집중하게끔 말을 끊는다.

좋은 청자는 화자를 도덕적으로 판단하지 않는다. 그들은 괴이함에 놀라거나 겁을 먹지 않을 만큼 자신의 마음에 대해 잘 알고 있다. 그들은 우리가 얼마나 제정신이 아닌지 알고 있으므로 타인의 이야기를 들으면서도 불편함을 느끼지 않는 것이다. 덕분에 우리의 잘못을 알고 있고 받아들인다는 인상을 준다. 특별한 욕망을 말해도 눈 하나 꿈쩍하지 않으며, 우리의 품위를 갈기갈기 찢어 버리지 않을 거라고 안심시킨다. 경쟁 사회의 가장 큰 문제는 우리가 얼마나 외로워하고 집착하는지 솔직히 드러낼 여유가 없다는 점이다. 예를 들어 누군가가 실패자나 변태처럼 보인다는 말은 사회에서의 탈락을 의미할 수 있다. 좋은 청자는 대화를 시작하면서 우리를 그런 사람으로 보지 않는다고 분명하게 밝힌다. 우리의 흠결에 놀라거나 당황하지 않을 호의를 가졌다고 표현하는 것이다.

우리는 자신이 저주받아서 정상에서 벗어났거나 독특한 방식으로 무능력한 사람이라고 느끼기 쉽다. 하지만 좋은 청자는 전략적인 고백으로 그러한 오해를 정확하게 바로잡는다. 그들은 우리가 악하기 때문이 아니라 평범하기 때문에 나쁜 부모, 시원찮은 애인, 일 못하는 직원이 될 수도 있다고 말한다. 단지 모든 사람이 자신의 전부를 공개적으로 드러내지 않아 우리가 모를 뿐이라고 말이다.

잘 들어주는 사람과 함께 있으면 우리는 상당한 즐거움을 경험하지만, 종종 이 사람이 왜 나에게 친절하게 대하는지 궁금해진다. 그럴 때면 누군가 우리의 이야기를 잘 들어주었을 때 느끼는 만족감을 다른 사람들에게도 베풀어 보자. 그들 역시 고마움과 만족을 느끼고, 타인에게 귀를 기울일 것이다. 타인의 이야기를 잘 듣는 태도는 좋은 식사, 그리고 더 나아가서는 좋은 사회를 만드는 핵심으로서 재발견되어야 마땅하다.

2. 대화 메뉴

이론적으로는 좋은 질문이 좋은 대화를 이끌어낸다는 걸 알고 있다. 하지만 우리는 보통 어떤 질문이 건설적인지 미리 생각하지 않는다. 그보다 질문이 머릿속에서 떠오르기만을 기다리거나, 한발 물러서서 예의 바르지만 재미는 없는 뻔한 질문을 건넨다. “주말에는 뭐 하실 생각이세요? 무슨 일 하세요? 공부나 일은 잘 되시나요?”

이런 즉흥적인 태도는 우리가 일반적으로 음식을 대하는 자세에 반한다. 우리는 대체로 무엇을 요리해 먹을지 미리 계획하고 준비한다. 내일 또는 주말에 만들 음식을 위한 장보기 목록을 작성하고, 냉장고와 찬장에 식재료를 채워 놓는다.
식사 계획에 있어 궁극적이고 최종적인 상장은 바로 메뉴이다.

요리사는 손님이 좋아할 만한 음식을 고민하고 몇 가지 선택권을 제시하며, 계절이나 기념일을 고려해 요리에 변화를 꾀하기도 한다.

우리는 오랫동안 메뉴가 지나치게 제한적이라고 생각해 왔다. 이제는 메뉴의 범위를 대화의 영역으로까지 확장시킬 필요를 실감한다. 앞으로 우리는 음식과 대화 메뉴 두 가지 모두를 가지고 식사에 임해야 한다.

여기서의 '대화 메뉴'란 코스 요리의 기본 구성이라고 할 수 있는 세 가지 순서에 부합하는 질문 꾸러미이다.

대화 메뉴를 잘 계획하여 식탁에 올린다면 이후에 오가는 대화는 한층 더 깊고, 한결 더 아름다울 것이다. 앞으로 소개할 대화 메뉴에는 때로 미소를 짓고, 우정을 돈독히 하고, 딸려 나올 음식과 격을 맞출 수 있을 정도로 최고의 친밀감을 자아낼 수준의 질문이 담겼다.

대화 메뉴:
야심

전채

부모님은 어린 시절의 꿈을 이루셨나요?
부모님은 당신에게 어떤 기대를 하셨나요?
앞으로 무엇을 이루고 싶어요?
감동시키고 싶은 사람이 있나요?

주요리

타인의 어떤 성과에 질투심을 느끼나요?
어떤 개인적인 상처나 약점이 제약처럼 느껴지나요?
당신에게 사랑과 일은 어떤 관계예요?
당신에게 실패란 무엇인가요?

디저트

지금 직업 말고 어떤 직업이 어울린다고 생각해요?
특별한 대가를 치른 적이 있나요?
원하는 인정을 받지 못하거나 노력이 부정당했을 때,
자신을 위로하는 특별한 방법이 있나요?
지금의 내가 과거에 나에게 조언을 한다면,
무슨 말을 하고 싶어요?

대화 메뉴:
사랑

전채

누군가 나를 많이 좋아한다면,
어떤 기분이 들 것 같아요?
끌리는 상대와 부모님 사이에 공통점이 있나요?
데이트에서 상대방이 어떤 점을 가장 좋아해줬으면 좋겠어요?
미래의 반려자가 과거에 어떤 어려움을 극복했길 바라나요?

주요리

(전)애인의 어떤 점이 가장 거슬렸어요?
당신과 같이 살기 힘든 이유 다섯 가지를 말해주세요.
타인과 의사소통하면서 어려운 점은 없어요?
섹스에서 어떤 점이 어렵게 느껴지나요?

디저트

이별에 무덤덤한가요?
당신에게 가장 큰 상처를 준 이전 애인은 어떤 사람이었어요?
바람 피워도 용서받을 수 있는 상황이 있을까요?
좀 더 너그럽게 받아들여지기를 원하는 단점은 무엇인가요?

대화 메뉴:
자기 이해

전채

자신이 얼마나 좋아요? 이유는요?
어떤 방식으로 신경질을 부리나요?
어린 시절 어떤 어려움을 겪었어요?
당신이 없을 때 사람들은 당신에 대해 어떻게 이야기할까요?

주요리

누군가와 소통할 때 어려운 점이 있어요?
어떤 맥락에서 사람들을 믿기 어려운가요?
마음의 상처를 입었을 때 어떻게 표현해요?
삶의 어떤 면에서 미성숙하다고 느끼나요?

디저트

어머니가 당신에게 어떤 영향을 미쳤을까요?
아버지는요?
좌절을 마주하면 대체로 어떻게 반응해요?
어떻게 내향적인 (혹은 외향적인) 인간이 되었어요?
어떤 면에서 더 성숙해지고 싶어요?

대화 메뉴:
삶의 의미

전채

해결하고 싶은 타인과의 문제가 있어요?
삶에서 의미 있었던 순간을 꼽아주세요.
어떤 대화가 의미 있다고 생각해요?
의미 있는 삶을 살려는 시도가 대인 관계나 커리어를
곤란하게 만든 적은 없어요?

주요리

딱 5년만 더 살 수 있다고 가정해 봐요.
주어진 시간 동안 무엇을 하고 싶어요?
애인, 친구, 회사, 가족과의 관계에서
각각 하고픈 것을 들려주세요.

디저트

당신의 삶에서 어떤 점이 가장 불행해요?
초월적인 경험을 해 본 적 있어요? 언제요?
그때 어떤 기분이었나요?
어떤 무리에 속하고 싶어요?
소속에 자부심을 느끼기 위해 필요한 게 있을까요?
19세의 당신에게 어떤 조언을 해주고 싶어요?
그 이후로 당신은 얼마나 더 성장했나요?

대화 메뉴:
비밀

전채

당신의 장례식에서 친구가 당신에 대해
어떻게 이야기하길 바라나요?
당신이 저지른 최악의 실수는 뭐예요?
자세히 설명하기 어렵다면 간단히도 좋아요.
다른 이들이 알게 될까 봐 두려운 당신의 성격은 무엇이에요?

주요리

가까운 사람에게서 계속 거슬리는 세 가지만 이야기해주세요.
(노래를 흥얼거린다거나, 화장실에서 이상한 짓을 한다거나, 약속에 늦는다거나…)
남몰래 시기하는 대상이 있나요?
누군가에게 못되게 굴었던 일을 들려주세요.
가족이 안다면 놀랄 만한 비밀이 있나요?

디저트

어떤 불안감이 당신에게 스며들어 있나요?
새벽에는 무엇을 걱정해요?
스스로 매우 이상하다 느끼는 순간이 있어요?
용서받고 싶은 결점이 있나요?

도움을 주신 분들

사진

트리스탄 타운리(Tristan Townley)

음식 스타일리스트

세이코 해트필드(Seiko Hatfield)

소품 스타일리스트

클레어 파이퍼(Claire Piper)

직물

퍼모이(Fermoie, 185쪽, 297쪽)

사진 출처

10쪽 상단	CC BY-SA 3.0 / Raphael.concorde
11쪽	CC BY 3.0 / Jörg Bittner Unna
12쪽	CC BY-SA 4.0 / Ermell
13쪽	Christen Købke, View of Østerbro from Dosseringen, 1838. Kunst Museum Winterthur
14쪽 좌측	Jersey mini dress, Mary Quant, about 1967, England. Museum no. T.86-1982. © Victoria and Albert Museum, London
20쪽	Yōshū Chikanobu
108쪽	Jean-Baptiste-Siméon Chardin, Meal for a Convalescent, c. 1747. National Gallery of Art, Washington D.C.
145쪽	Jean-Baptiste-Siméon Chardin, Woman Taking Tea, 1735. Hunterian Museum and Art Gallery, Glasgow
148쪽	Sandro Botticelli, Mystic Nativity, 1500 National Gallery, London
173쪽	Thomas Jones, A Wall in Naples, 1782 National Gallery, London
278쪽	CC BY 2.0 / David Ohmer
280쪽	CC BY-SA 4.0 / Lauren Siegert
282쪽	CC BY-SA 4.0 / Dirk Ingo Franke

찾아보기

이용재

음식 평론가 겸 번역가. 한양대학교와 미국 조지아 공과대학교에서 건축 및 건축학 석사 학위를 받고, 애틀랜타의 건축 회사 tbs 디자인에서 일했다.『조선일보』『한국일보』등 여러 매체에 글을 기고했다. 저자로서『오늘 브로콜리 싱싱한가요?』『한식의 품격』『외식의 품격』『냉면의 품격』『미식대담』『조리 도구의 세계』『식탁에서 듣는 음악』을 썼다. 옮긴 책으로는『실버 스푼』『뉴욕의 맛 모모푸쿠』『인생의 맛 모모푸쿠』『철학이 있는 식탁』『식탁의 기쁨』『모든 것을 먹어본 남자』등이 있다.

트위터 @bluexmas47

홈페이지 bluexmas.com

사유 식탁

1판 1쇄 2022년 10월 25일
1판 5쇄 2024년 11월 30일

지은이 알랭 드 보통 · 인생학교
옮긴이 이용재
펴낸이 정은선
디자인 워크룸 권빈

펴낸곳 ㈜오렌지디
출판등록 제 2020-000013호
주소 서울특별시 서초구 서초중앙로 2길 35 돈암빌딩 4층
전화 02-6196-0380
팩스 02-6499-0323

ISBN 979-11-92674-15-5 13590